U0358762

拉鲁斯科学馆 1

关于恐龙的 212 个真相

[法] 萨宾娜 · 朱尔丹
[法] 安妮 · 罗耶
[法] 苏菲 · 德 · 穆伦海姆 | 著

王肖艳 / 宋傲 / 陈月淑 | 译

恐龙长什么样子？

梁龙可怕的武器是什么？

海生爬行动物是恐龙吗？

最小的恐龙是什么？

恐龙是如何走路的？

翼龙怎么飞？

谁是海洋里最可怕的杀手？

怎样才能知道
恐龙的皮肤是什么样的？

栉龙的头冠有什么作用？

尾羽龙是谁？

哪种恐龙最聪明？

哪种恐龙长着满满一口好牙？

目 录

CONTENTS

恐龙时代 1

不可思议的恐龙 31

恐龙的远亲 59

恐龙的记录 87

恐龙时代

恐龙生活在哪个时代？

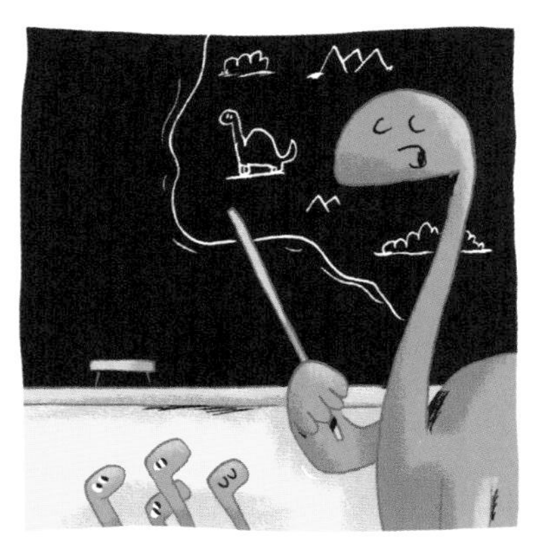

恐龙生活的时代叫作“中生代”。中生代分为 3 个时期: 三叠纪（距今 2.45 亿—2.08 亿年前)；侏罗纪（距今 2.08 亿—1.45 亿年前)；白垩纪（距今 1.45 亿—6 500 万年前）。

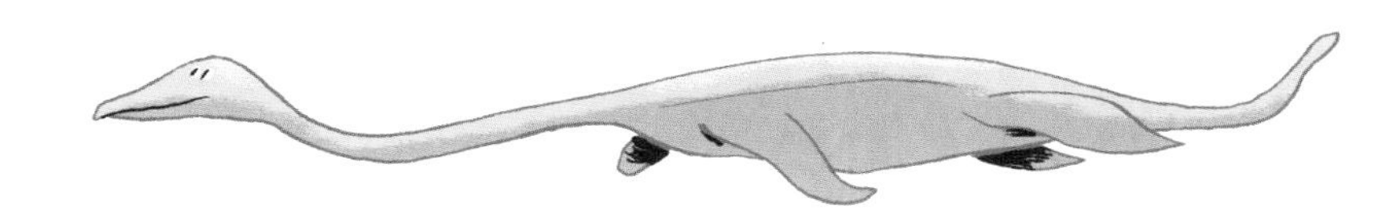

恐龙是如何进化的？

一开始，恐龙的体型很小，进化程度也不高。后来，为了适应气候和周围环境的变化，恐龙才逐渐变胖、变高、变大。与此同时，恐龙的种类也变得越来越丰富。

恐龙时代的地球长什么样？

和恐龙时代相比，今天的地球大陆板块发生了巨大的改变。最初，恐龙们生活在一块四周环海的陆地上，这是当时的唯一一块陆地，后人就把它命名为“盘古大陆”。从侏罗纪起，盘古大陆开始分裂，先是分成了 3 块。后来到了白垩纪，分裂得更厉害了，如今的各个大陆板块的雏形自此逐渐显现了出来。

恐龙时代的气候怎么样？

三叠纪的气候炎热干燥；侏罗纪的气候依旧很炎热，但空气变得潮湿了许多；而到了白垩纪，空气依然湿润，但气温开始下降。

“恐龙”这个名字是怎么来的？

1841 年，英国古生物学家理查德·欧文首次提出“恐龙”一词，用来指代这些骨骼庞大的动物。“恐龙”的英文原词“dinosaur”意为“恐怖的蜥蜴”。后来，欧文将首批发现的恐龙骨架化石重新组合，并在 1851 年第 1 届世界博览会上首次展出。

恐龙长什么样子？

恐龙的脚长在身体的下方，而不是像爬行动物那样长在身体两旁。这种脊椎动物走起路来和哺乳动物没什么两样，用 2 条腿或者 4 条腿走路，因此可以叫它们两足动物或四足动物。

肉食性恐龙长什么样？

肉食性恐龙有 2 条腿和 2 只爪子，爪子前端长着 3 根手指。为了方便吃肉，它们的爪子很锋利。此外，这些恐龙还有很多尖锐且锋利的牙齿。

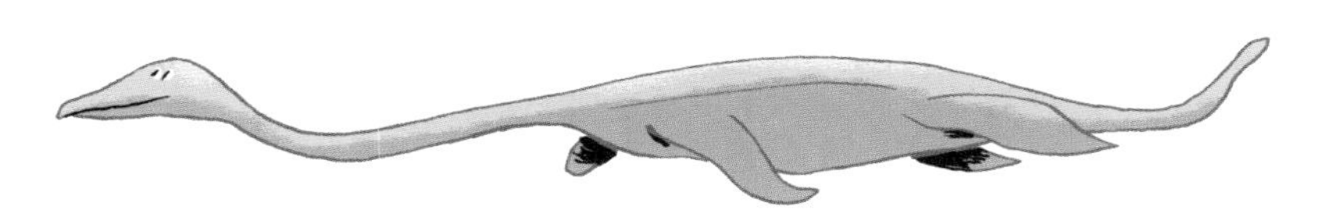

什么是“清道夫”恐龙？

这是一种专门吃动物尸体的恐龙。由于体型笨重，奔跑速度也不够快，这种恐龙很难自己捕获猎物，所以只能以其他恐龙吃剩下的腐肉为食。

如何识别植食性恐龙？

这种恐龙长着大大的肚子，便于存储粮草。相比于它们的大肚子，植食性恐龙的头就显得格外小。另外，它们用 4 条腿走路，一般长有 4 根或者 5 根手指。

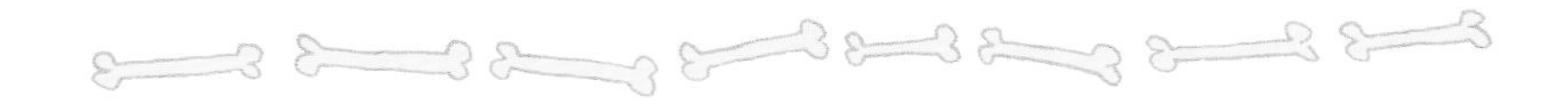

植食性恐龙吃什么？

植食性恐龙一般吃木贼叶或者棕榈树的叶子，还吃草、松子，以及一些植物的根、芽。有些不能咀嚼食物的植食性恐龙，会把一些石头吃进胃里，来帮助研磨那些比较硬、很难消化的叶子。

恐龙可以分为哪两大类？

恐龙分为蜥臀目和鸟臀目两大类。蜥臀目恐龙长着蜥蜴类的骨盆，其中，兽脚亚目的恐龙食肉；蜥脚亚目的恐龙食草。而鸟臀目恐龙则长着鸟类的骨盆。

恐龙如何下蛋？

长着鸟类骨盆的恐龙会产下圆球形的蛋；而长着蜥蜴类骨盆的恐龙则会产下橄榄球形的蛋。有一些恐龙会坐着孵蛋，还有一些恐龙则会把蛋埋在地下，靠土地的热量来孵化它们的蛋。

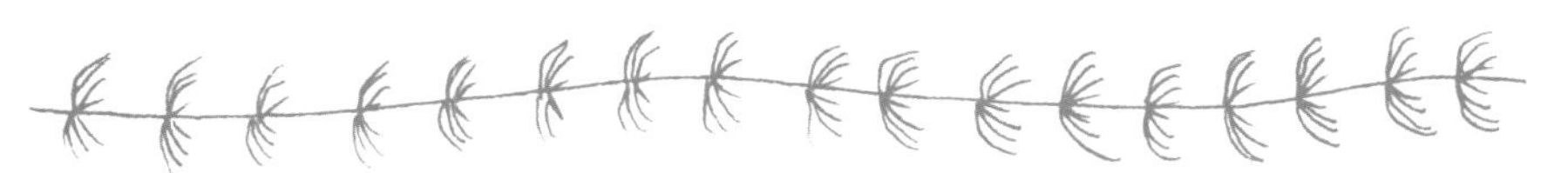

恐龙时代都有哪些植物？

三叠纪的植物有松树、银杏、苏铁树，还有生长在沼泽里的种子植物。到侏罗纪时期已经有了茂密的热带森林。在白垩纪初期，出现了第一批被子植物，还有桦树、柳树、木兰。

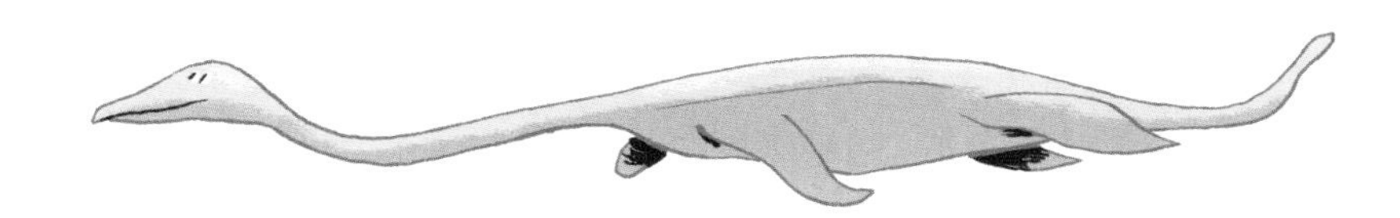

什么是原蜥脚下目恐龙？

它们是三叠纪第一批蜥臀目两足或四足的植食性恐龙，也是第一批巨型蜥脚类恐龙。已发现最古老的原蜥脚下目恐龙化石位于马达加斯加地区。

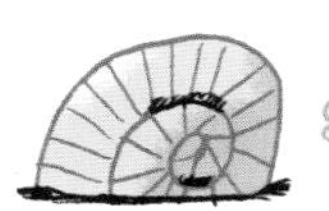

哪种恐龙生活在三叠纪？

主要是一些植食性恐龙，比如黑龙和优肢龙。在三叠纪末期，还出现了腔骨龙、南十字龙和板龙。

三叠纪晚期发生了什么？

三叠纪晚期发生了火山大喷发，大量水生生物，两栖类、鳄类爬行动物，还有大型哺乳类爬行动物都在这一时期灭绝了。这些物种的消失为恐龙留下了广阔的生存空间。

哪些恐龙生活在侏罗纪?

从三叠纪开始出现的一些小型植食性恐龙，比如异齿龙，以及像巨龙一类的肉食性恐龙都生活在侏罗纪早期。在侏罗纪上半期，即距今1.57亿年前，出现了植食性超级巨龙和装甲类恐龙。

为什么在侏罗纪有很多长脖子的恐龙?

因为气候的变化，侏罗纪时的树木都长得很高，长长的脖子可以帮助恐龙轻松地吃到树木高处的叶子，而且长脖子方便其在沼泽地里行走。记住，所有长脖子恐龙都是蜥脚类恐龙哦!

什么是蜥脚类恐龙？

蜥脚类恐龙是地球史上体型最大的恐龙。它们用 4 只脚走路，身体特别重，长长的脖子上顶着一个小小的脑袋，还有一条肌肉发达的长尾巴。蜥脚类恐龙都是素食主义者哦！侏罗纪是它们的黄金时代。

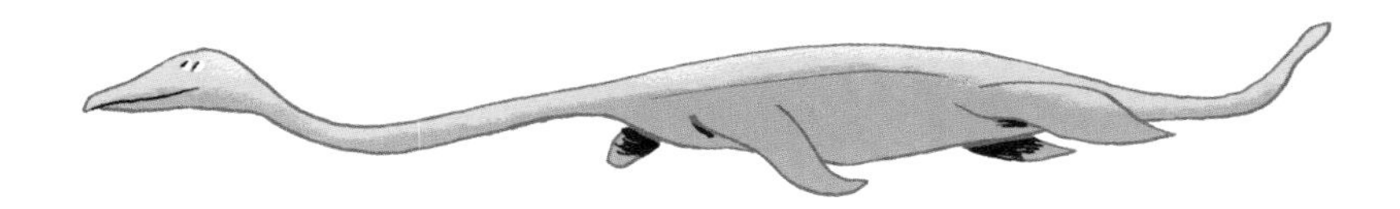

是谁让大地颤抖？

侏罗纪

是地震龙！它每走一步就相当于落下了 100 吨的重量。正因如此，它才被叫作“地震龙”。令人惊讶的是，这庞然大物竟然是吃素的！

下白垩纪的恐龙都有哪些？

距今1.45亿年前，在欧洲大陆上的湿热森林中，生活着成群结队的禽龙，它们身旁还有一些追逐猎物的重爪龙，以及在啃食地面植物的甲龙。

上白垩纪能看到哪些恐龙呢？

在距今9 700万—6 500万年前，地球上遍布着一些如今我们最为熟悉的恐龙，比如霸王龙、三角龙、甲龙，以及嘴巴像鸭子一样的埃德蒙顿龙。

恐龙是如何走路的？

一些特大型恐龙，比如腕龙、剑龙、梁龙都是用 4 只脚走路的，所以它们被叫作四足动物。还有一些恐龙由于后肢的肌肉骨骼非常结实，前肢却小得像人的手一样，只能用两只脚走路，所以被叫作两足动物。

恐龙是如何睡觉的？

一些中国科学家发现，一种跟鸟类很相近的恐龙——伤齿龙，睡觉姿势很独特，它们睡觉时会像鸟一样蜷缩起来，把尾巴缠绕在身上。至于其他的恐龙是如何睡觉的，我们暂时还不太清楚。

恐龙会跳舞吗？

会的！美国科学家在美国科罗拉多州和达科他州发现了留在岩石上的恐龙大脚印，从而证实了恐龙会跳舞。这些白垩纪大型肉食性恐龙的足迹表明，它们在求偶时会用两条腿跳舞。

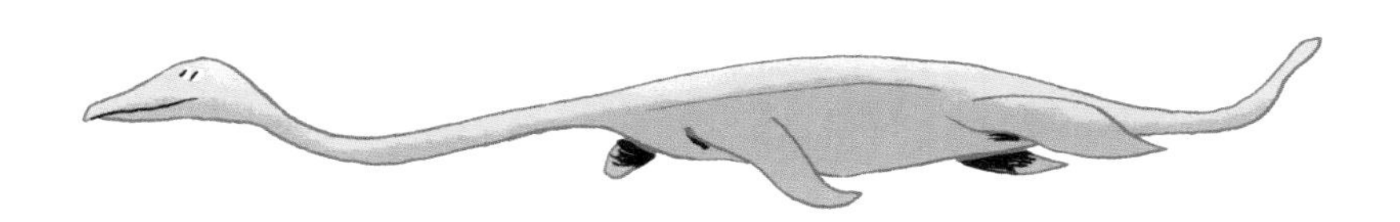

恐龙会冬眠吗？

一些恐龙会在洞穴里冬眠，尤其是生活在澳大利亚和南极的恐龙更喜欢冬眠，比如雷利诺龙——一种生活在距今 1 亿年前的小型植食性恐龙。

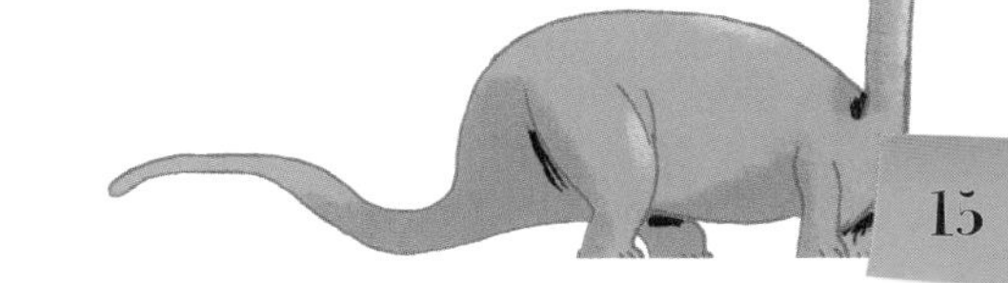

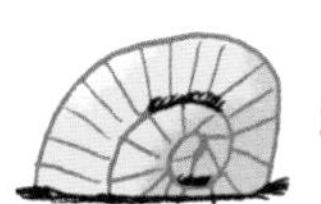

恐龙宝宝是怎样被养大的？

恐龙爸爸和恐龙妈妈会一起抚养恐龙宝宝。像鸟类父母一样，它们会先把草和树叶咀嚼好，然后再一口一口地喂给恐龙宝宝。

恐龙蛋壳能告诉我们什么？

通过研究分析距今 8 000 万年前的恐龙蛋壳，我们就可以知道恐龙妈妈当时的体温是多少。听起来很不可思议，对吗？

恐龙的血是热的还是冷的？

热血动物表现得非常活跃，并且能奔跑很长时间。而冷血动物比如蛇，得靠晒太阳来取暖，并且常常一动不动。最近，科学家们认为恐龙的体温可能介于这两种动物之间。

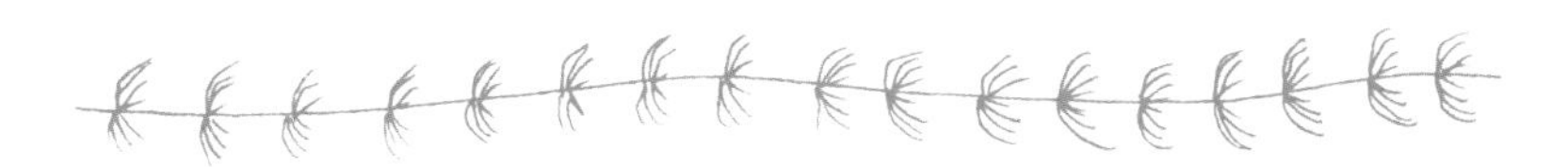

恐龙的羽毛有什么用？

它们的羽毛能用来防暑、防寒、发送信号，甚至还能用来在“比美大赛”中展示自己的魅力。但它们不能靠羽毛飞翔。

恐龙的时代有哺乳动物吗？

有！但是哺乳动物的体型都很小，常常躲在很隐蔽的地方。为了避免被生吞活剥，它们通常只在晚上外出。

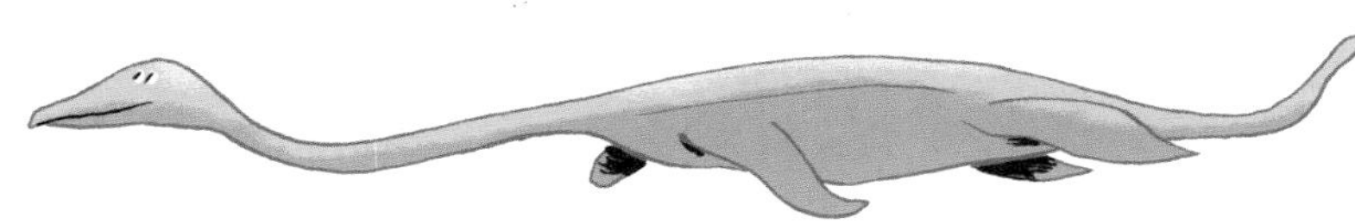

恐龙会吃哪些种类的小动物和昆虫呢？

三叠纪时期，有很多20厘米长的大蜻蜓和啮齿动物可供恐龙食用。侏罗纪时期，肉食性恐龙会吃乌龟、蜥蜴和蝾螈。到了白垩纪时期，由于蟑螂、甲虫、小蜻蜓、蝗虫、蜜蜂成群遍地，因此它们也免不了成为恐龙的盘中餐。

白垩纪

谁是恐龙中的王者？

当然是霸王龙。霸王龙体长15米，身高5米，重达7吨。它们的视觉和嗅觉都很灵敏，有50～60颗又大又尖锐的牙齿，方便捕获和撕咬猎物。另外，它们每小时可以跑35千米。

白垩纪

谁是霸王龙远在蒙古的“表弟”？

特暴龙。它们比霸王龙要小很多，体重只有1吨。它们的牙齿比霸王龙多，性情非常残暴。特暴龙的拉丁学名“Tarbosaurus”意为“令人闻风丧胆的蜥蜴”，这名字可不是白叫的啊！

恐爪龙是怎样的杀手？

白垩纪

这种两足“杀手”跑得非常快。它们脚上长着镰刀一样锋利的趾爪，可以快速撕碎猎物。恐爪龙的体重只有 50 ~ 60 千克，所以它们常常结伴出动，这样就可以毫不犹豫地攻击特大型恐龙了。

迷惑龙和雷龙是同一种恐龙吗？

侏罗纪

因为这两种恐龙长得很像，所以之前有的科学家认为它们是同一种恐龙，有段时间甚至将“雷龙”从恐龙“族谱”中删除。但后来科学家们发现，雷龙的脖子比迷惑龙的脖子更长更细，它们显然不是同一种恐龙。

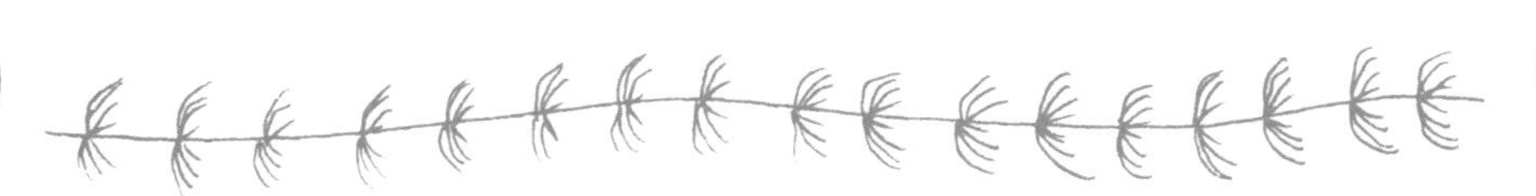

古生物学家是如何工作的？

在考古现场，古生物学家会收集一些含有恐龙化石的岩石碎片，并在四周进行挖掘以寻找其他恐龙骨骼化石。在实验室里，古生物学家需要非常细心才能把恐龙化石从岩石碎片中分离出来。

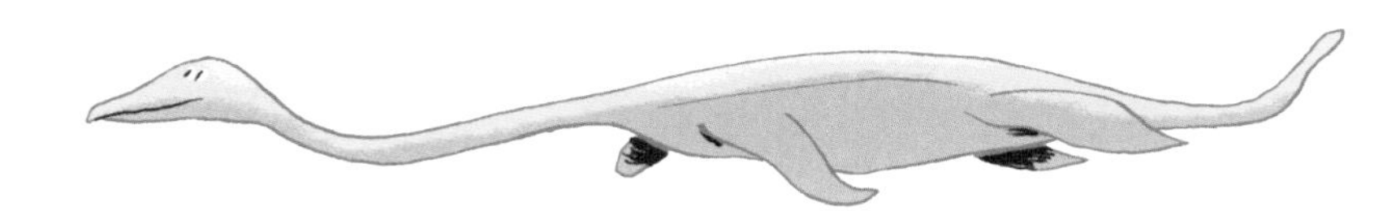

棘龙的别名“愤怒者”是怎么来的？

白垩纪

这种恐龙的头骨化石最早在巴西被发现，当时，发现它的古生物学家非常愤怒，因为在此之前已经有人来过这里并破坏了化石。

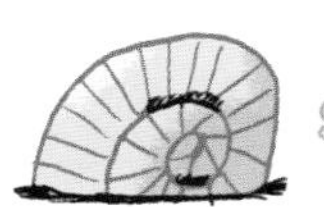

研究人员是如何研究恐龙化石的？

他们会先测量恐龙化石的大小给每块化石标上号码，然后利用实验室最精密的仪器和尖端技术，如X射线、扫描仪等来分析化石。

科学家们是怎么知道恐龙的体重的？

他们会先测量恐龙骨头的周长，比如腿骨、肱骨或者股骨，然后再与今天哺乳动物的骨头尺寸进行比较，通过比例换算，从而推测出恐龙的体重。

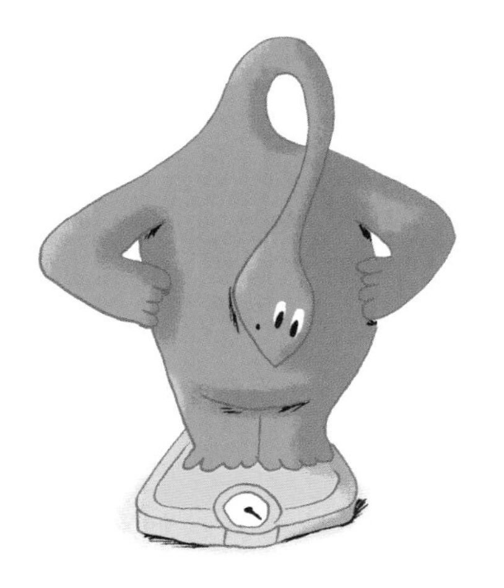

恐龙的脚印化石可以告诉我们什么?

恐龙的脚印化石可以告诉我们，恐龙的脚有多大，每一步能迈多远，是两足还是四足恐龙，是否属于一个已知的族群，是否会捕猎，等等。

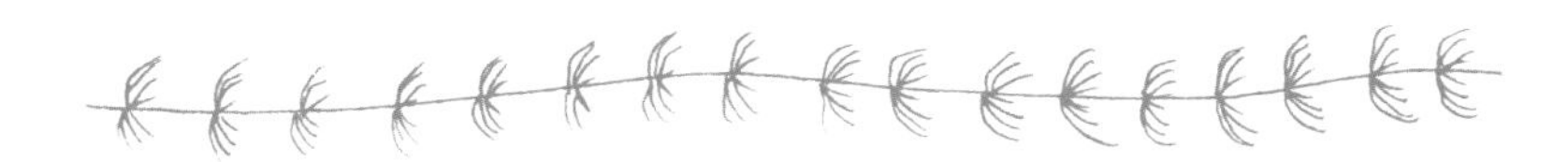

如何知道恐龙是否迁徙?

当发现一群恐龙的脚印化石，而且都朝同一个方向时，大概就可以推断这些恐龙曾在迁徙了。恐龙的迁徙可能是为了寻找食物，也可能是遇到了气候变化，因此它们不得不离开原来生活的地方。

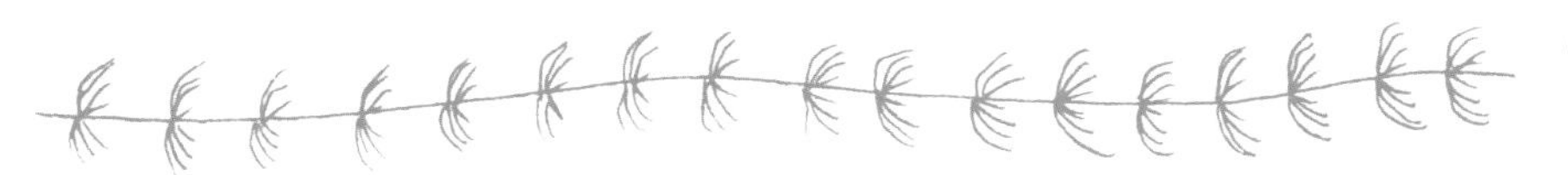

怎样才能知道恐龙的皮肤是什么样的?

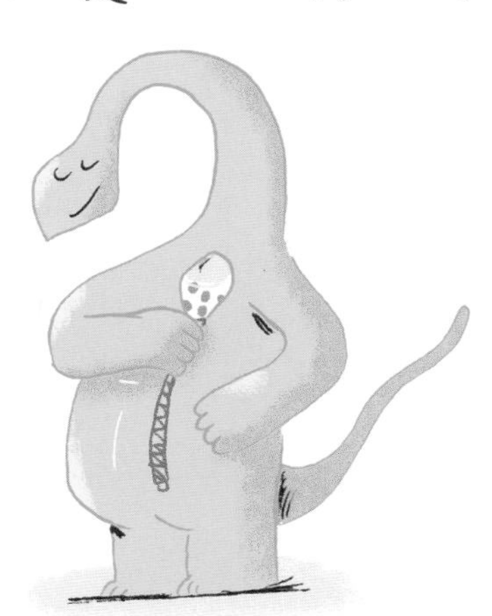

一只恐龙死后，它的皮肤痕迹可以被保存在湿润的土壤里，之后土壤硬化成岩石。几百万年后，若我们发现这块化石，就可以知道恐龙的皮肤是什么样的了。它们中有的长着鳞片，有的长着角质层，有的长着羽毛。

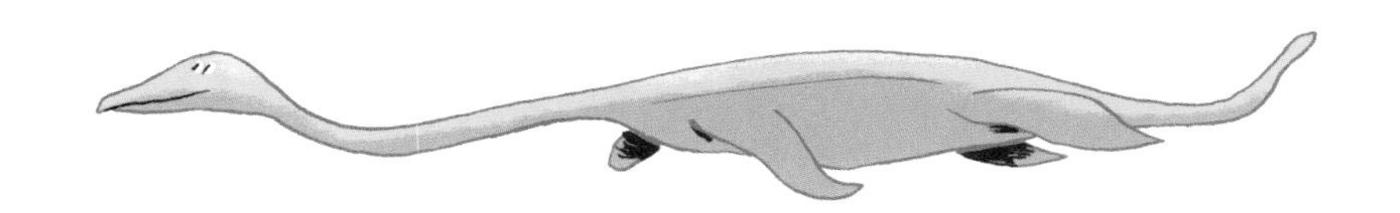

恐龙的粪便可以告诉我们什么信息?

虽然有点难以置信，但是科学家们的确发现了恐龙及海洋爬行动物的粪便化石。通过分析这些“粪化石”，人们就能知道恐龙以什么为食啦!

“龙墓”是什么呢？

白垩纪

科学家们在一片戈壁滩上发现了一个大型鸭嘴龙的巢穴，于是就把这里叫作“龙墓”。这片戈壁滩位于蒙古国和中国的交界处，这里出土过很多恐龙化石。

怎样才能知道恐龙的年龄呢？

通过分析恐龙骨骼增长的年轮，就可以计算出恐龙的年龄。我们已经知道，一些恐龙能活到 200 岁！

“化石战争”是怎么回事？

19 世纪，两位美国古生物学家科普和马什互相比试看谁发现的恐龙化石更多。当马什在怀俄明州发现了一处大型的恐龙化石遗址后，科普不择手段地毁掉了部分马什发现的恐龙化石。马什也不甘示弱，使用相当的手段予以报复。后来，这场比拼愈演愈烈，直至演变成了一场“大战”。

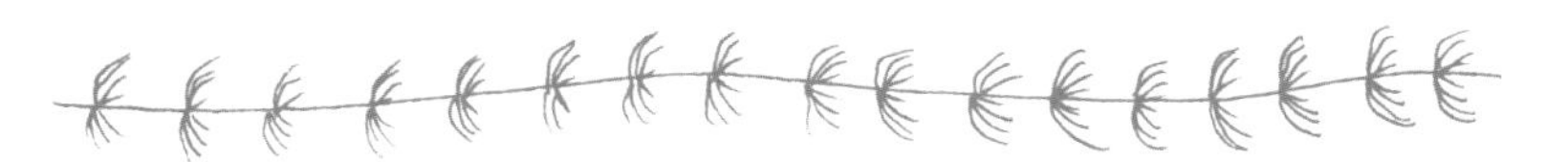

“化石战争”的结局是怎样的？

这两个人对古生物学领域做出了巨大贡献，他们共发现了 142 个新的恐龙化石标本，其中包括剑龙、三角龙、腔骨龙、迷惑龙和梁龙的骨骼化石。从结果看，马什最终凭借自己发现的 80 种恐龙化石而获胜，实则这两个人在追名逐利中早就迷失了自我，这场“战争”没有人胜利。

巴纳姆·布朗是谁？

1902 年，巴纳姆·布朗发现了第一具暴龙骨架化石。这位伟大的“恐龙捕手”发现的大部分恐龙化石都位于加拿大北部的阿尔伯塔省，而且他还为纽约自然历史博物馆贡献了大量藏品。

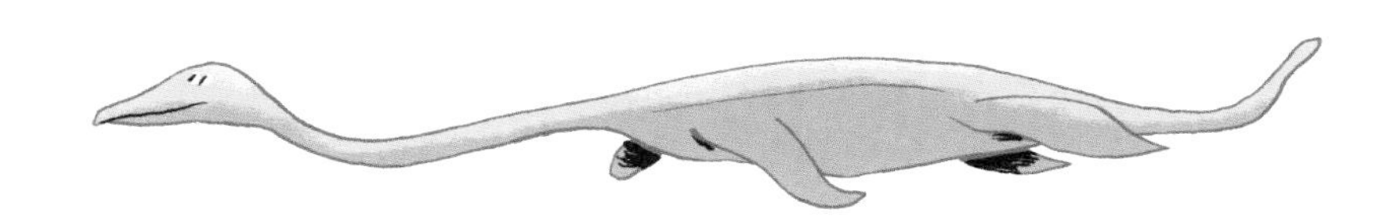

谁是“恐龙吉姆”？

“恐龙吉姆”指的是吉姆斯·詹森，一位热衷于恐龙事业的美国科学家，他的别名叫作“寻骨者”。1979 年，他在科罗拉多州发现了有史以来最大的恐龙——超龙的骨骼化石。

鸟类和恐龙之间的关系纽带是什么？

它们之间的纽带，是一群叫作“手盗龙”的恐龙。手盗龙有着长长的爪子，身上长着羽毛，有着笔挺的尾巴。它们的呼吸系统与众不同，会根据休息和飞行两种状态来调整肺容量。

如今哪种动物最像恐龙呢？

巨蜥，它们是沧龙的后裔。所有种类的巨蜥中，最可怕的是科摩多巨蜥，它们重达 160 千克，身长 3 米，被它们咬一口就可能毙命。科摩多巨蜥是一种大型肉食性动物，也是一种濒危保护动物。

为什么古生物学家觉得智利龙很奇怪？

侏罗纪
和白垩纪

智利龙像是蜥臀目恐龙和鸟臀目恐龙的结合体。这种可爱的恐龙长得有点像伶盗龙，它们有着看起来友善可亲的鸟头，用来吃草的牙齿，2 条后腿，一共 4 个脚趾。

哪项发现推进了有关恐龙的科学研究？

侏罗纪

2010 年，在西伯利亚发现了一种不属于“鸟类祖先”的恐龙，但它们的后腿长着角质层，身上长着羽毛。所以有人就推断大部分恐龙应该都有羽毛，除了用来保暖外，还可能是为了让自己看起来更漂亮。

恐龙是如何消失的？

恐龙灭绝的其中一种猜测是：6 500 万年前，一颗巨大的陨石撞击美洲中部地区，并迅速引发了极端的气候变化，地球变得越来越冷，植物逐渐枯死。没了食物，恐龙就被饿死了。

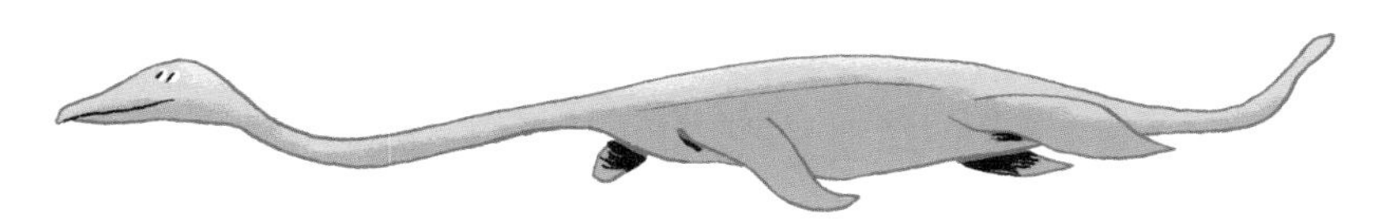

《失落的世界》是本什么书？

这是英国作家阿瑟·柯南·道尔写的一本科幻小说，出版于 1912 年，讲述了一支探险队在南美洲的高原上经历的一系列冒险故事。书中写道的那个与世隔绝的高原上，生存着恐龙和蛇颈龙。这本小说后来多次被翻拍成电影。

不可思议的恐龙

12

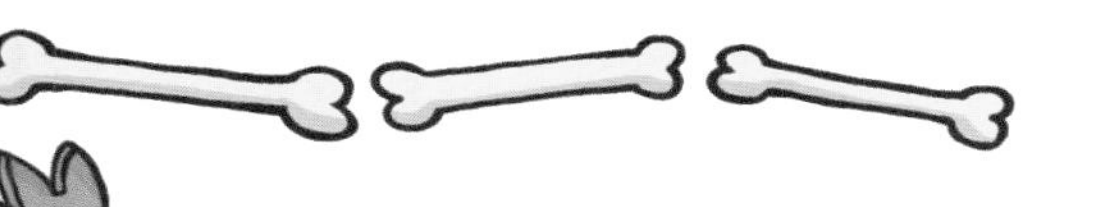
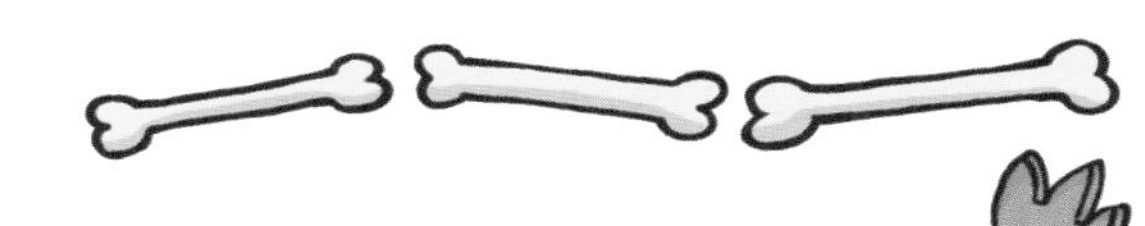

哪种恐龙的脚很平而且有蹼？

埃及棘龙。因为脚上长着蹼，所以它们在水里游泳比在陆地上行走更自在。1912 年，一位德国古生物学家第一次发现埃及棘龙。后来很多研究都证明，埃及棘龙的确会游泳。

懒爪龙的凶狠名声是怎么建立起来的？

靠它那 30 厘米长的爪子。懒爪龙是镰刀龙类植食性恐龙，它们那镰刀状的爪子可以用来扒树皮和防御敌人的攻击。实际上，懒爪龙并没有看起来那么凶恶。

为什么棘龙让人如此害怕？

棘龙身长 15 ~ 18 米，长着特别锋利的牙齿，活像一只巨大的鳄鱼。而且，一只棘龙能一口吞下一只鲨鱼！棘龙是水陆两栖生物。

禽龙除了长脖子外还有什么特点？

禽龙有一整套用来吃草的工具：一个锯齿状的喙状嘴用来咬断食物，一口锋利的牙齿用来磨碎食物。这样它们就不需要通过吞下胃石来辅助消化了。

哪种恐龙长得像大犀牛，头上还顶着三个角？

白垩纪

三角龙。它们的肩膀上长着盔甲般的“领子”，头上长着两个大角，嘴巴上长着第三个大角，身长10米，体重至少5吨。三角龙虽然是植食性恐龙，但看起来可不太好惹哦！

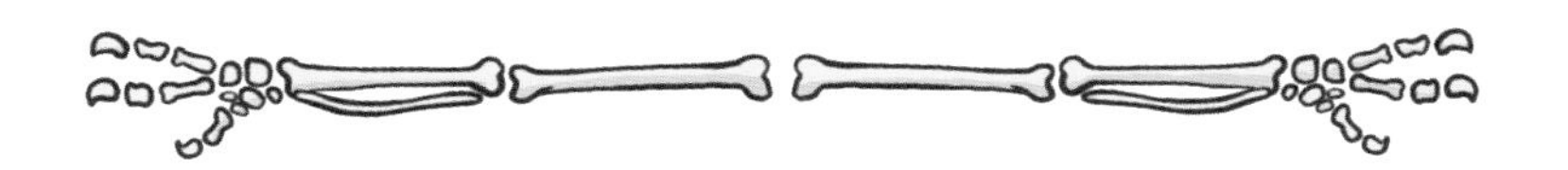

三叠纪

谁是南十字龙？

这是一种非常原始的恐龙，身长2米，肉食性恐龙，两足行走，可以用两只爪子捕获猎物。科学家们只在巴西地区发现过它们的化石标本。

伶盗龙有多重？

白垩纪

伶盗龙体重至多 15 千克。它们虽然体重很轻，但肌肉发达，加上一条健硕的尾巴，具有很好的平衡力。此外，伶盗龙奔跑的速度很快，可以称得上是恐龙中的跑步冠军，而且它们还很聪明，就如同它们的名字，真是一群伶俐的盗贼啊！

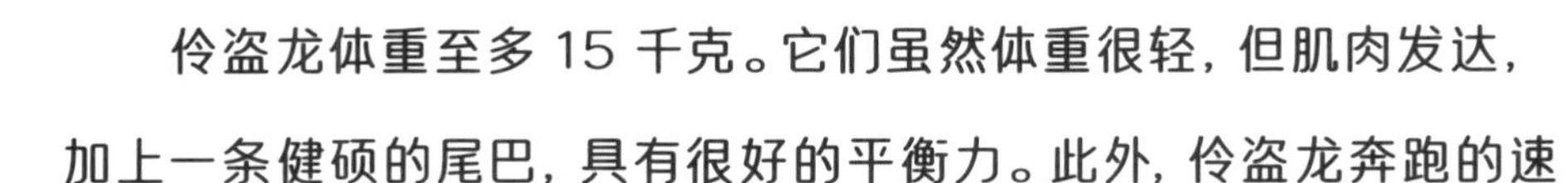

白垩纪

伶盗龙用什么武器进攻？

用它们那副可以垂直竖起来的爪子。虽然作为恐龙，它们的身材过于娇小，身长大约只有 1.8 米，但有了这副利爪，伶盗龙就可以轻轻松松地撕碎猎物。

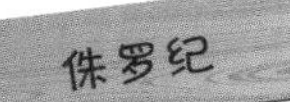

马门溪龙身上哪部分最让人惊讶？

马门溪龙身上最吓人的是它们那 11 米长的脖子。它们肯定是侏罗纪植食性恐龙中脖子最长的。在中国西南部发现的马门溪龙标本身长 26 米。

可怕的似鳄龙最喜欢吃什么呢？

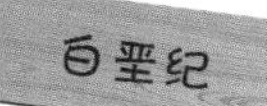

似鳄龙最爱吃鱼。当然啦，所有送到嘴边的食物，它们都很喜欢。这种恐龙长得很像鳄鱼，只不过似鳄龙长得比鳄鱼更长，牙齿更多。

甲龙身上最危险的地方是哪里？

甲龙的尾巴是它们的终极武器。这条尾巴末端长着一个骨质的“狼牙棒”，重达 100 多千克。有了这条尾巴，甲龙就可以横扫一切，所向披靡了，不是吗？

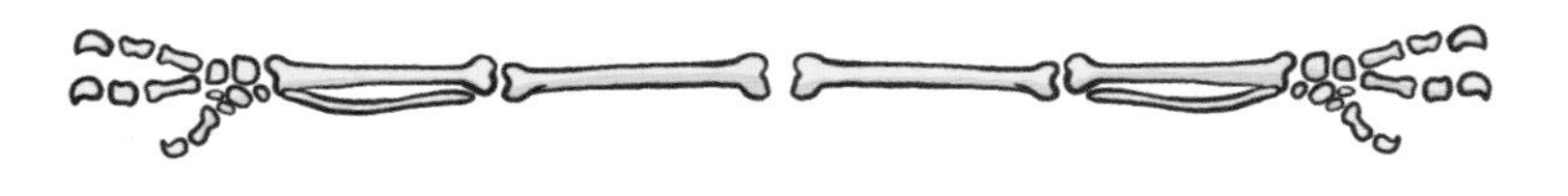

腔骨龙跑得有多快？

三叠纪

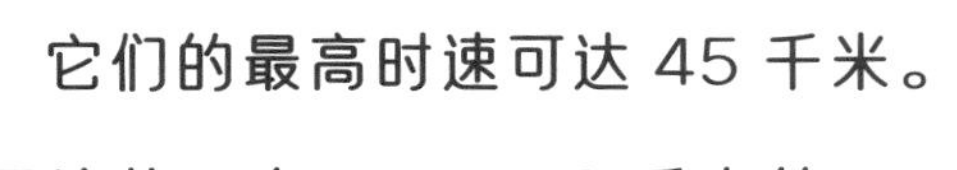

它们的最高时速可达 45 千米。对于这位只有 35 ~ 40 千克的轻量型猎手来说，速度是它最大的优势。腔骨龙是肉食性恐龙，而且会吃腐肉，当它们特别饿的时候，甚至还会吃同类。

霸王龙是怎么打架的？

白垩纪

两只霸王龙打架的时候，会残忍地撕咬对方的脖子和脑袋。古生物学家甚至还在霸王龙的头骨化石上发现了咬痕。

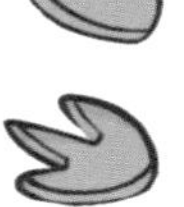

玛君龙会吃同伴吗？

玛君龙会追捕其他所有种类的恐龙，而且很可能会吃同类。这种大型恐龙是白垩纪时期最危险的食肉霸主，统治着马达加斯加地区。

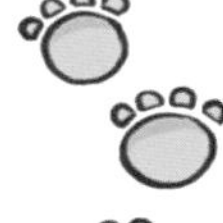

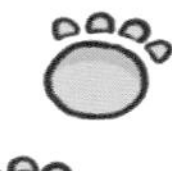

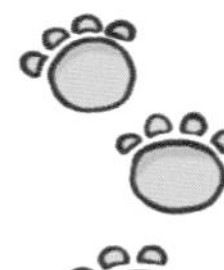

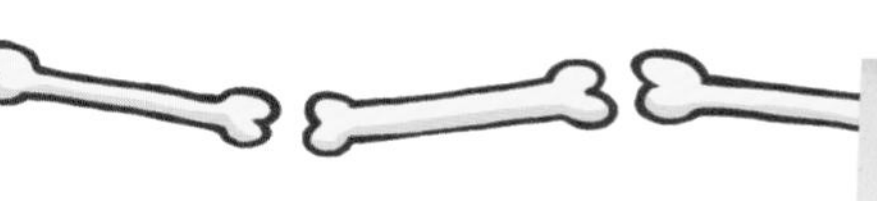

窃蛋龙的美食菜单上有什么？

白垩纪

窃蛋龙喜欢吃贝类和甲壳类动物，它们那像钳子一样的喙状嘴可以用来撬开贝壳。由于人们原来认为它们喜欢偷吃其他恐龙的蛋，所以才给它们起了这个名字。事实上，它们只是为了能把自己的蛋保护得更好。

白垩纪

重爪龙更喜欢吃肉还是鱼？

重爪龙最喜欢吃鱼。这种大型恐龙重达 1.5 吨，身长 10 米，细长的嘴巴里长着 128 颗锯齿状的锋利牙齿。这还不算什么，知道为什么叫它们重爪龙吗？因为它们长着坚实的利爪。

食肉牛龙为什么叫这个名字？

白垩纪

因为食肉牛龙长得像一头牛，头上有两只角，后腿坚实有力。食肉牛龙喜欢成群狩猎，专门捕食那些肉多而肥美的猎物。

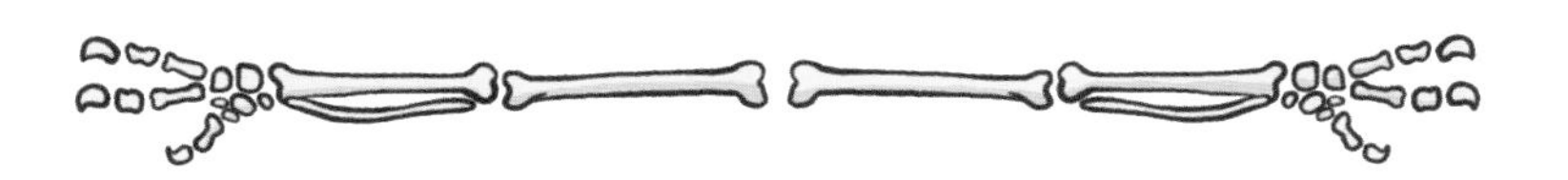

梁龙可怕的武器是什么？

就是它的尾巴：一条真正的鞭子！梁龙有80节脊椎骨，身材高大魁梧，从头到尾长达30米。

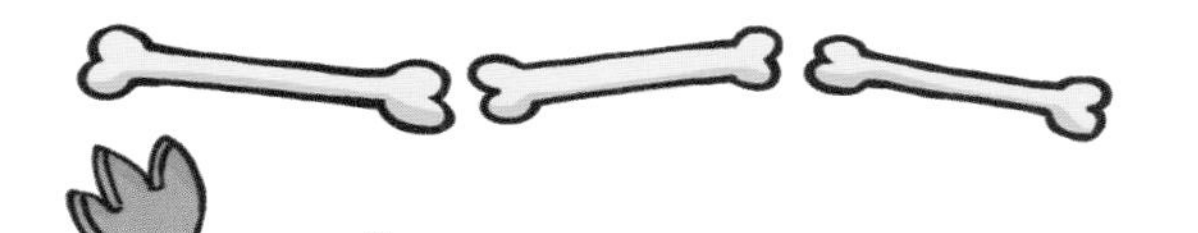

二叠纪

你认识背上长着帆的恐龙吗？

异齿龙背上长着大大的背帆，通过调控背帆，它们可以给自己的身体升温或降温，就像背着个空调一样！所以它们从来不会感到太冷或太热。

侏罗纪

这种身上长刺的奇怪的恐龙叫什么名字？

剑龙后背布满骨刺，这些骨刺也可以用来控制体温。当雄性剑龙要吸引雌性剑龙时，它们的骨刺就会变成红色。当然啦，不同种类的剑龙后背骨刺的颜色也不太一样。

栉(zhì)龙的头冠有什么作用?

白垩纪

它们的头冠用来发送危险警报信号和吸引异性。这个空心的长冠可以发出如同长号一般响亮的声音。

侏罗纪

2015年发现的一种恐龙有个奇怪的名字叫什么?

科尔维尔古植食龙。在因纽特人的语言里，这个名字的意思是“科尔维尔河边的古代食草者”。它们是在美国的阿拉斯加被发现的，生活在距今6 900万年前的侏罗纪。

鹦鹉嘴龙的特点是什么？

一张鹦鹉似的嘴和尾巴上的“一簇草”。它们是忘记理发了吗？还是为了好看？人们不知道那簇像草一样的东西是羽毛还是刺，只知道它们会吃石头来帮助消化食物。

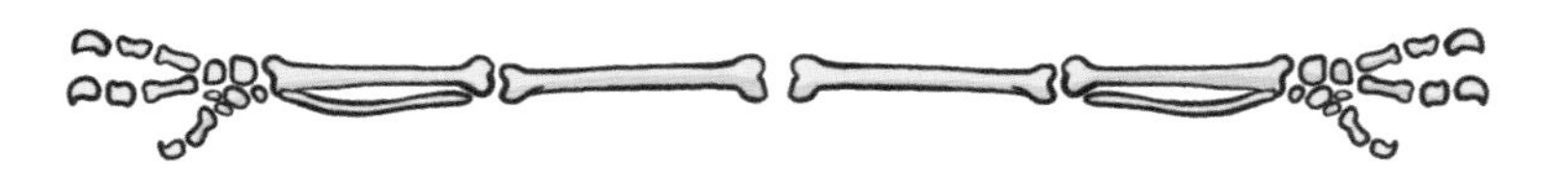

白垩纪

戟龙头上有多少只角？

戟龙头上有 9 只角：其中 6 只长角长在头顶上，2 只长在双眼上方，还有 1 只长在鼻子上。现在大多数人们认为戟龙长成这样主要是为了展示自己的英勇与帅气，并取悦雌性。不过，要是它们遇到袭击者，也许这些角能派上大用场。

五角龙的名字是怎么来的？

白垩纪

虽然这种恐龙名叫五角龙，但其实它们头上只有3只角。由于它们的颧骨比较突出，从正面看像两只角一样，所以一开始叫它们五角龙。另外，五角龙还有个又大又漂亮的“领子”，这样加起来看，它的头应该是所有恐龙中最大的了。

厚鼻龙为什么叫这个名字？

白垩纪

那当然是因为它们有个厚厚的鼻子啦！不过这个大鼻子丝毫不会妨碍它们吃草和啃食树叶。除此之外，厚鼻龙还长着2米长的颅骨，看着就特别重。希望它们不会感冒流鼻涕或者头疼吧，那可太难受了。

哪种恐龙长着鸭子一样的嘴巴？

白垩纪

鸭嘴龙属的恐龙都长着鸭子般的嘴巴，但是它们的头却长得不太一样，一些长着长长的冠，另一些长着圆圆的冠，还有一些根本没有冠。它们喜欢全家一起出去遛弯儿。

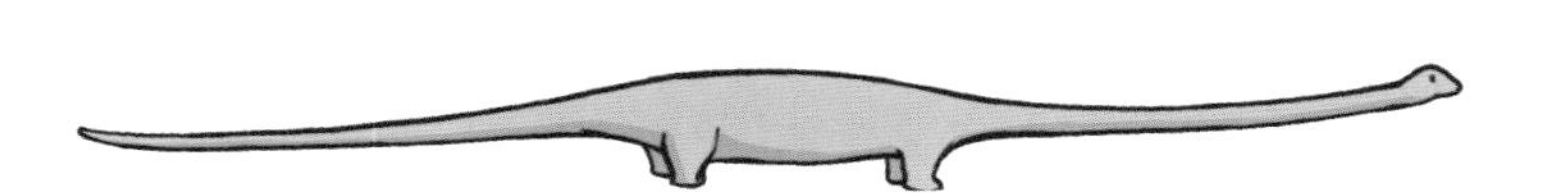

白垩纪

哪种恐龙长着古希腊战士般的头盔？

冠龙长着一顶空心的头冠，呈半圆形，就像古希腊战士的头盔一样。冠龙的这个头盔不仅可以产生声音共鸣来给同伴发预警信号，也可以用来吸引异性。算上这顶漂亮的头盔，冠龙身长就有 9 米啦！

侏罗纪

双冠龙最奇特的地方在哪里？

它们头上的两顶冠非常独特，因此叫它们双冠龙。此外，它们还拥有尖牙、利爪、灵敏的嗅觉、出色的视力，靠着这些必杀技，双冠龙可以捕食板龙和甲龙。而且，双冠龙虽然重达500 千克，但这丝毫不妨碍它们飞快地奔跑。

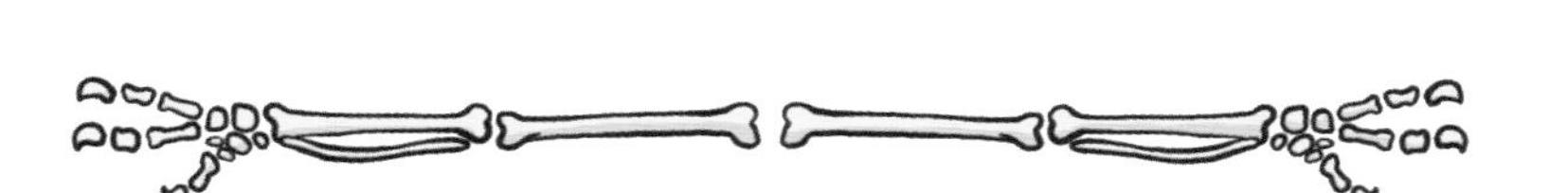

哪种恐龙既像母鸡，又像鸵鸟？

似鸡龙，身长可达 6 米，身高 2 ~ 3 米。尽管长着鸟类的头和嘴巴，但它们不会飞。似鸡龙跑得特别快，每小时甚至可以跑 70 千米。

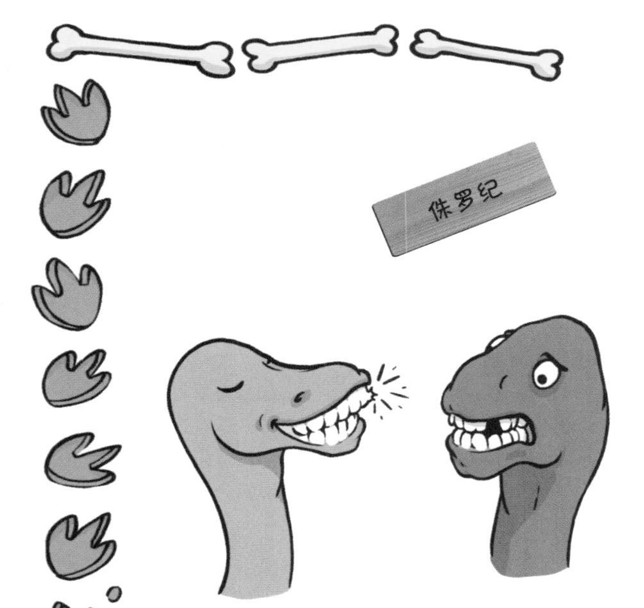

梁龙的牙好吗？

梁龙的食量很大，所以其牙齿磨损得特别快。这就是为什么它们每个月都会掉牙，好在很快又会长出新牙来。同样频繁掉牙的还有圆顶龙，它们每 2 个月换 1 次牙。

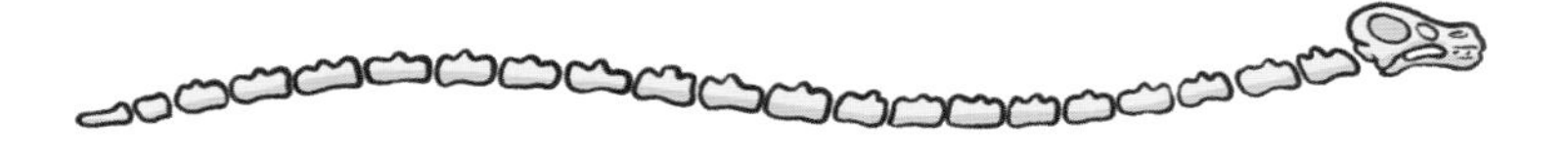

甲龙的弱点是什么？

脆弱的肚皮就是甲龙的致命弱点。虽然甲龙的后背长着又大又坚硬的骨质板，但没有覆盖到肚子。那些捕食甲龙的猎手们都知道甲龙的这个弱点，所以当它们展开攻击的时候，就会瞄准甲龙的肚子，只需猛力一击，甲龙就束手就擒了！

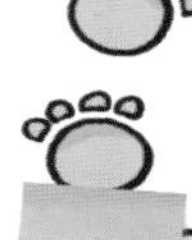

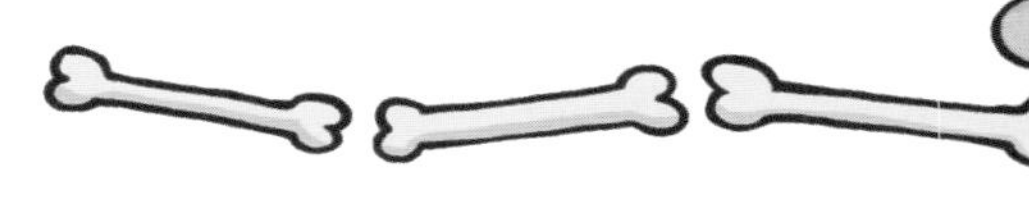

窃蛋龙是怎么求偶的？

白垩纪

窃蛋龙的尾巴末端长着五彩斑斓的羽毛，求偶的时候，会像孔雀或者火鸡一样开屏。此外，它们还有一顶非常傲人的头冠，真是魅力四射啊！

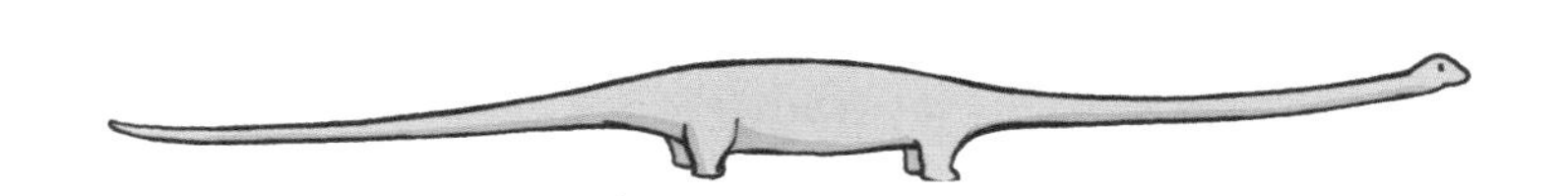

尾羽龙是谁？

白垩纪

这是兽脚亚目下的一种有着鸟类特征的小型恐龙，它们长着长长的羽毛、结实的大腿，跑得很快，还有两只短小的胳膊……这种恐龙身上还有很多未解之谜。

恐龙会自己孵蛋吗？

一些恐龙会亲自坐着孵蛋，而大部分恐龙则会想办法让蛋自己孵化。比如，恐龙会在地上挖一个窝，然后把蛋一个挨着一个放进去摆成一圈，再用枝叶或者土盖起来，这样就可以给未来的小宝宝们保温啦。

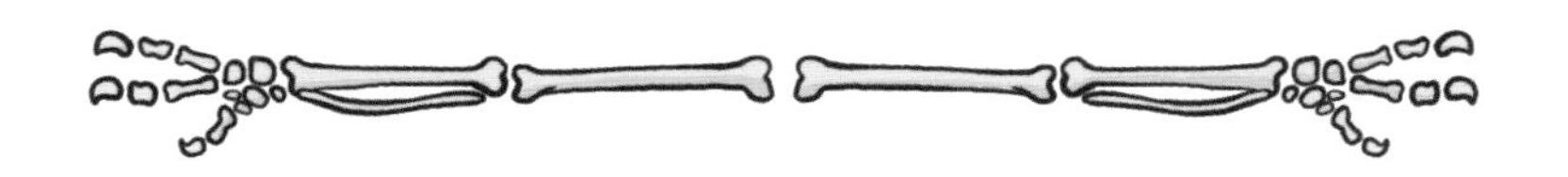

恐龙宝宝们是如何出生的？

恐龙宝宝们出生前要在蛋壳里度过 3 ～ 4 周。到了要孵化的时候，它们就会用小牙齿从里面把蛋壳戳破。“咔嚓”几声，恐龙宝宝们就诞生啦！之后，有的小恐龙会等着爸爸妈妈过来给它们喂食，而有的小恐龙则一出生就可以自己去找吃的，是不是很厉害！

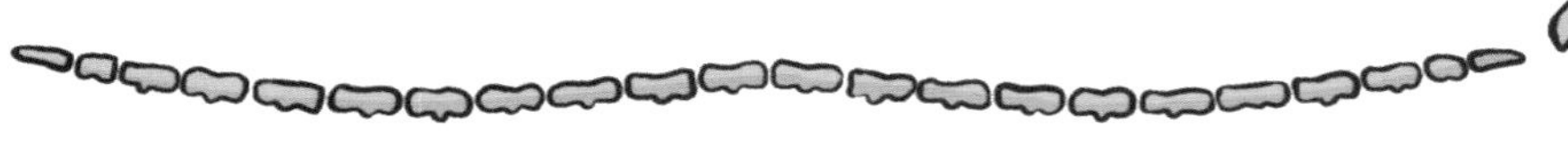

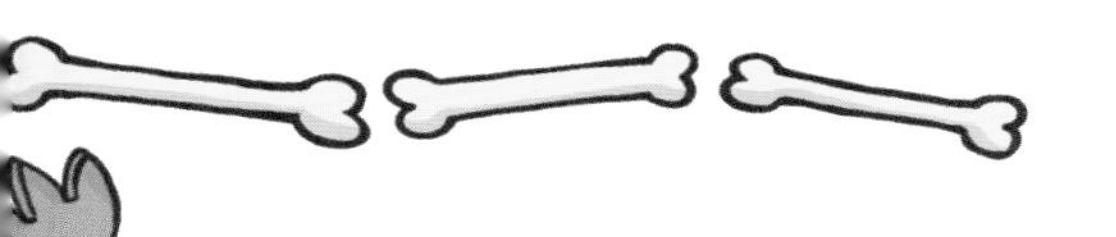
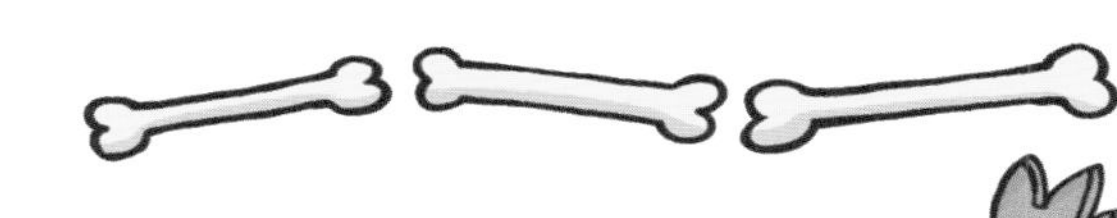

梁龙的奇葩之处是什么呢？

侏罗纪

梁龙的蛋跟成年梁龙的体积相比，差异实在太大了。一只成年梁龙有 30 米长，而它的蛋，直径竟然只有 20 厘米！

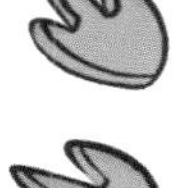
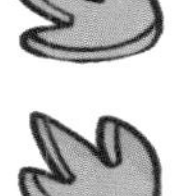

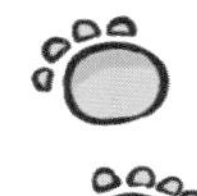

侏罗纪

异特龙能捕食梁龙吗？

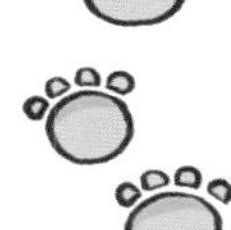

可以！这种侏罗纪的凶猛杀手很可能以梁龙为食。太不可思议了！梁龙这么大竟然还会被吃掉。要知道，异特龙体型也很大，而且喜欢成群结队外出捕猎。面对一群捕食者的围攻，梁龙只能靠它那有力的大尾巴来防御，还是有点势单力薄了。

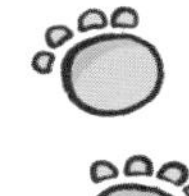
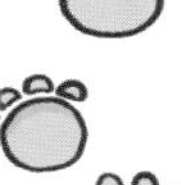

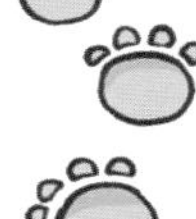
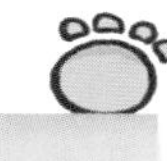

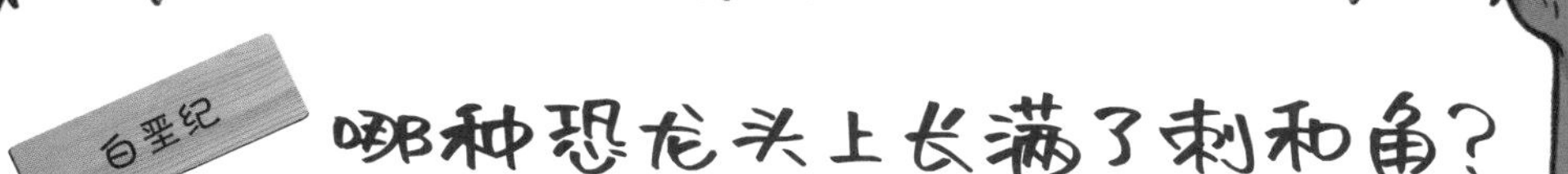

白垩纪

哪种恐龙头上长满了刺和角？

冥河龙的头就像一个骨头做的榴梿，上面布满了一排排的刺，连它们的嘴巴上都有刺。冥河龙的头后面还长着很多角，总之看起来并不友好，但它们竟然是温顺的素食者！

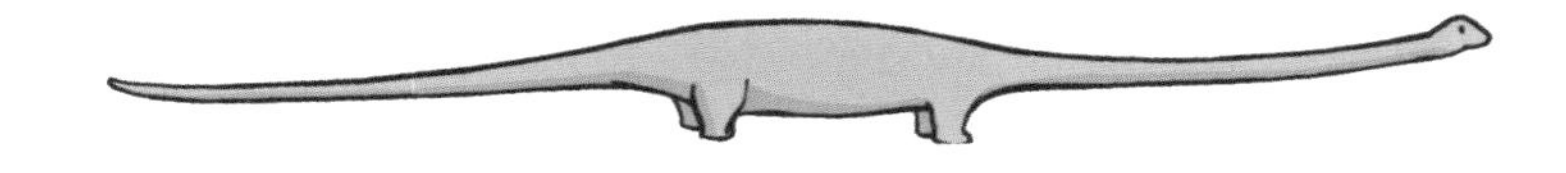

有种长得像小伶盗龙的恐龙，叫什么名字？

白垩纪

这个体型娇小的食肉者的名字叫斑比盗龙，是偷蛋龙属，身长还不到 1 米，长着非常漂亮的羽毛。别看斑比盗龙体型小，牙却非常锋利，被它咬一口很可能立马毙命。科学家怎么会给危险的它们取这么个可爱的名字呢？大概是采纳了孩子的建议吧！要不然怎么会跟迪士尼动画电影《小鹿斑比》的名字一样呢。

萨尔塔龙有什么特别之处吗？

白垩纪

一般来说，长脖子的恐龙后背上不会有甲壳。但是，萨尔塔龙是个例外。它们的后背如同骑士穿的大大的铠甲一般，由很多小骨质板组成。萨尔塔龙生活在白垩纪时期的南美洲。

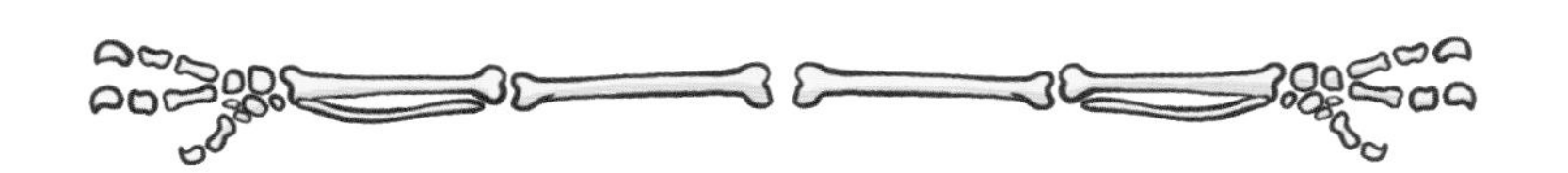

优头甲龙为什么会像坦克？

白垩纪

优头甲龙身披战甲，把自己裹得严严实实，连嘴巴都快被遮住了。在它们的铠甲外面还长有一排排骨刺，这样凶猛的长相令人不寒而栗，真是太可怕了！

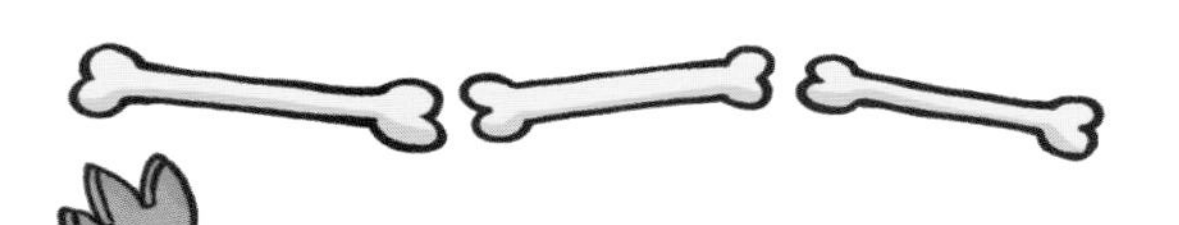
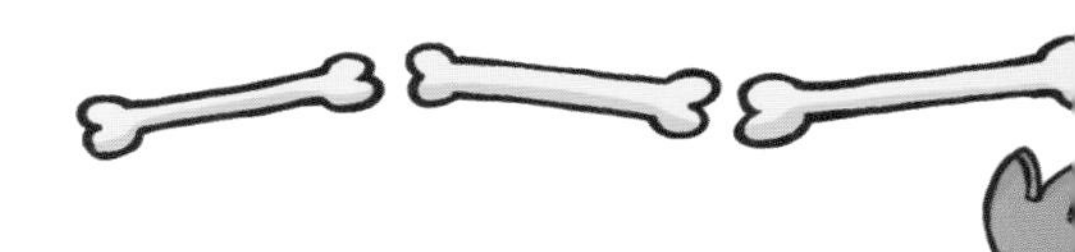

为什么有的恐龙会飞？

恐龙要经过数十万年的进化，等爪子变长、身体变轻、羽毛变多后才能飞起来。到了白垩纪初期，小盗龙就已经进化出便于飞行的空心骨头和浓密的羽毛了。

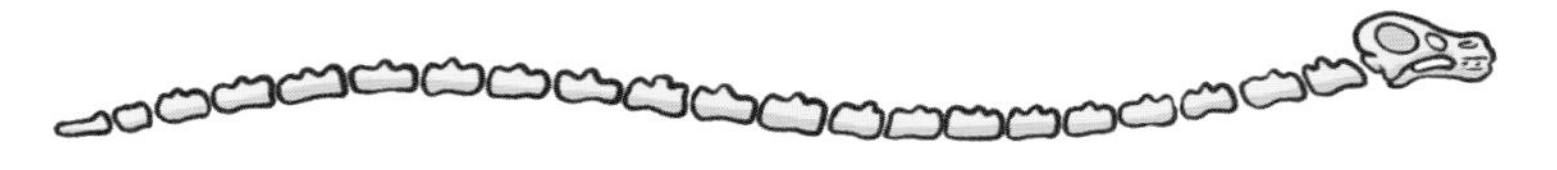

恐龙身上有跳蚤吗？

有。跳蚤主要寄生在有羽毛的恐龙身上。而且，这些跳蚤个头可真不小，大约有 2 厘米长。要知道现在的跳蚤只有 5 毫米哦！

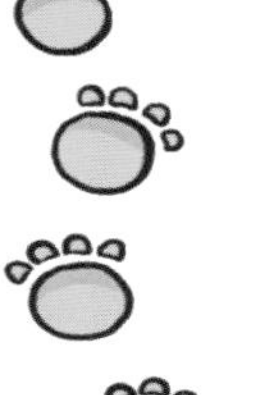

这些跳蚤的头前端长着两把“锯子”，可以刺破大型猛兽的外壳，还有很多爪子可以将自己紧紧挂在恐龙身上。

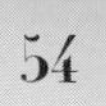

在中国有什么了不起的恐龙相关发现吗？

在中国发现了有一种别名叫作“匹诺曹”的长鼻子暴龙；一种鸟类的近亲，长得像蝙蝠的恐龙；还有一种伶盗龙的“长翅膀的表亲”——“孙氏振元龙”；还发现了43块恐龙蛋化石，等等。

白垩纪

林龙后背上有什么？

林龙一身铠甲，上面布满了扁平的、圆形的、椭圆形的骨质板和骨刺。因为林龙行动速度很慢，所以它们只能靠这身铠甲来威慑敌人。

哪种恐龙的羽毛最奇怪？

白垩纪

天青石龙，一种窃蛋龙家族的特殊品种，发现于蒙古国的戈壁沙漠。天青石龙尾巴末端的骨头上长着充满艺术气息的扇状羽毛。

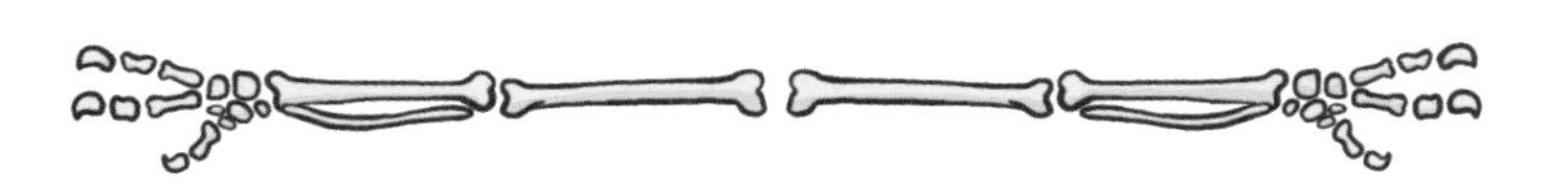

白垩纪

长得像鸵鸟的恐龙叫什么？

这类恐龙的学名叫作似鸟龙，意思是“模仿鸟类的蜥蜴”。其中最著名的是似鸵龙，长着结实的大腿，擅长奔跑，体重约 300 千克。

白垩纪

雄性赖氏龙和雌性赖氏龙的区别在哪里？

雄性赖氏龙的头冠是斧子形的，而且比雌性赖氏龙的头冠大很多，因为雄性赖氏龙要靠漂亮的头冠来吸引雌性赖氏龙。

哪种恐龙的牙齿长得特别奇怪呢？

恶龙长着连嘴唇都包不住的特别突出的大龅牙。不过这样可以让它们轻松捕食昆虫。其他长在后面的牙齿都像刀一样锋利，所以它们的胃口一向很好。

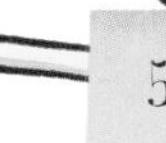

恐龙是龙吗？

2 000 年前，中国人发现了巨大的恐龙骨骼化石，误以为那是神话传说中神龙的骨头。于是，一些人就用恐龙骨化石来制药。实际上，恐龙和龙是不一样的。

为什么孩子们对恐龙如此着迷？

孩子们虽然害怕这些大怪兽，但也知道，恐龙已经从地球上消失很长时间了。另外，恐龙的神秘面纱总是能激发孩子们的好奇心，因此大多数孩子们很喜欢恐龙。

恐龙的远亲

所有会飞的爬行动物都是恐龙吗？

有些会飞的爬行动物既不是恐龙也不是鸟类的祖先，它们出现于三叠纪末期，和恐龙一起消失于白垩纪末期。

海生爬行动物是恐龙吗？

不是。海生爬行动物和恐龙一样，体型大得惊人，但它们不属于同一族群。它们是一些适应了海洋生活的古老陆生爬行动物，与恐龙同一时期灭亡。

什么时候出现了长翅膀的爬行动物？

长翅膀的爬行动物，也就是翼龙，出现于三叠纪，生活在距今大约 2.5 亿年前。翼龙的翅膀跟蝙蝠的翅膀很像，都是一层沿着前肢伸展出来的皮肤膜。它们展开四肢翱翔于天空。

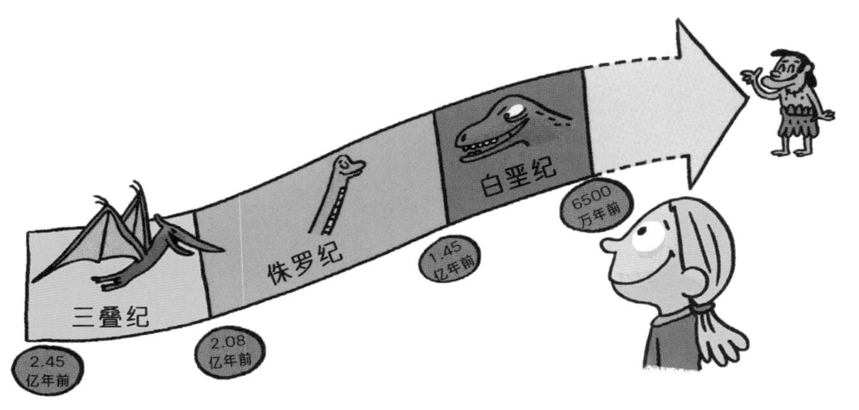

海生爬行动物都有哪些？

鱼龙、蛇颈龙和沧龙，这些都是恐龙时代的海洋巨兽。鱼龙和蛇颈龙一样，都出现于三叠纪，鱼龙消失于侏罗纪，而沧龙统治着白垩纪。

海生爬行动物生活的海洋是什么样子的？

三叠纪和侏罗纪时期地球上只有一片海洋，中间是当时唯一的一块大陆——盘古大陆。到了白垩纪，大西洋逐渐成形，欧洲还是一群岛屿，被温热的海水包围着。海里面生活着许多爬行动物，还有鳐鱼、鲨鱼及其他一些鱼类。

哪种海生爬行动物最像鱼？

鱼龙长着尾鳍和背鳍，有点像海豚。其他的海生爬行动物大多都在陆地上繁殖，而鱼龙却是在水里繁殖的。

海生爬行动物和恐龙的共同之处是什么呢？

海生爬行动物都有肺，它们都用鼻子呼吸，所以要时不时地浮出水面。海生爬行动物的祖先是陆生动物。

哪种动物是最先离开水域来到陆地上生活的？

鱼石螈，生活在距今 3.6 亿年前，它们和青蛙一样属于两栖类生物。鱼石螈有 1 条尾鳍，身上长着鳞片，有 4 条腿，用肺呼吸。

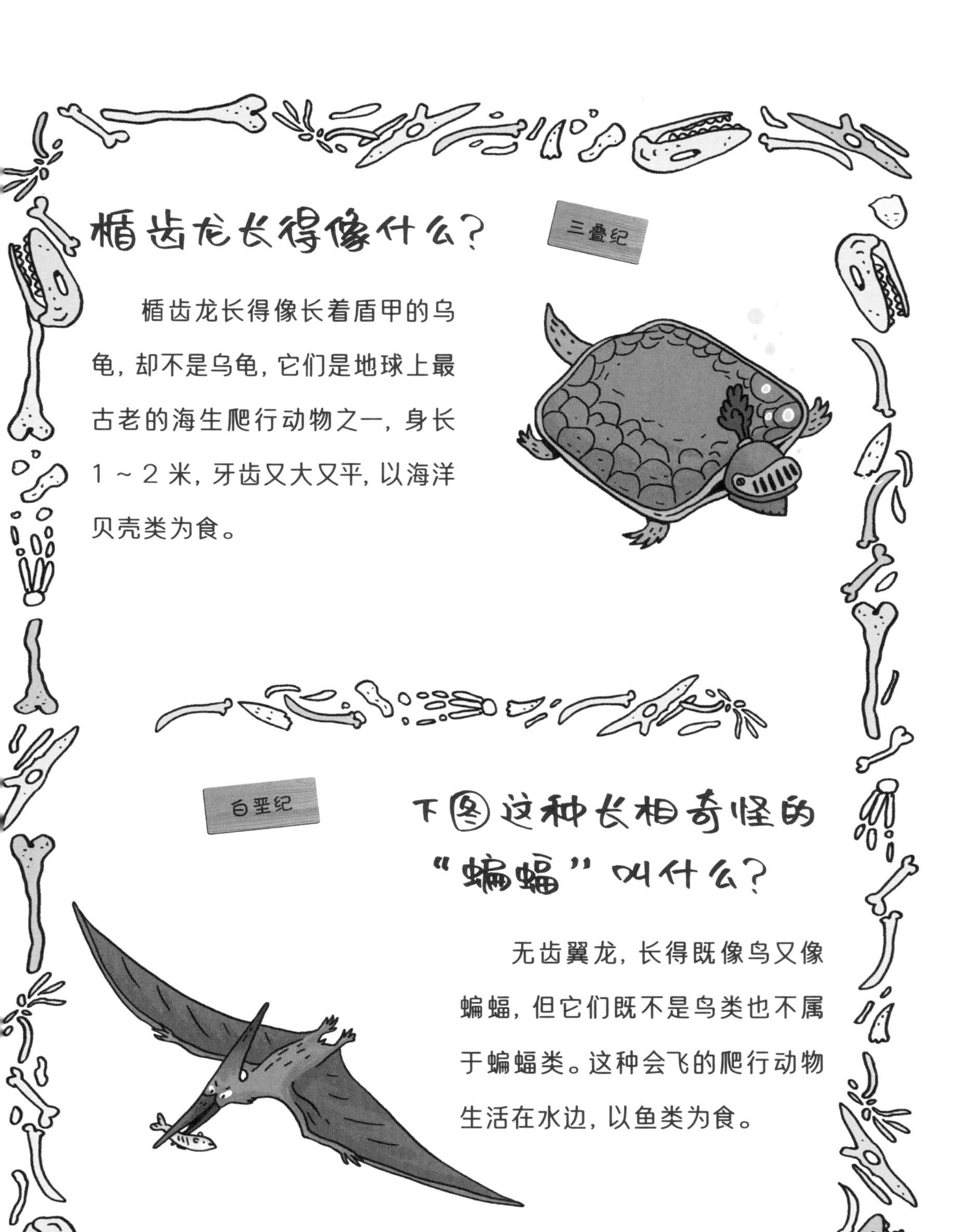

楯齿龙长得像什么?

三叠纪

楯齿龙长得像长着盾甲的乌龟，却不是乌龟，它们是地球上最古老的海生爬行动物之一，身长 1 ~ 2 米，牙齿又大又平，以海洋贝壳类为食。

白垩纪

下图这种长相奇怪的“蝙蝠”叫什么?

无齿翼龙，长得既像鸟又像蝙蝠，但它们既不是鸟类也不属于蝙蝠类。这种会飞的爬行动物生活在水边，以鱼类为食。

谁是沙洛维龙？

一些科学家们认为，沙洛维龙是翼龙的祖先。沙洛维龙有两对翅膀，可以滑翔。这种恐龙身长仅 15 厘米，体重只有 7 克，属于小型动物。

翼手龙和无齿翼龙的区别在哪里？

翼手龙生活在侏罗纪，而无齿翼龙生活在白垩纪。无齿翼龙没有牙齿，但有一个长冠，能帮它们在飞行中控制方向。翼手龙的冠很小，牙齿却非常锋利。

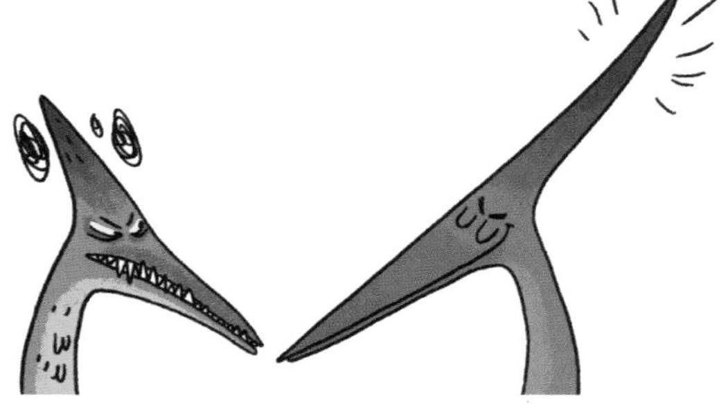

哪种翼龙像吸血鬼？

热河翼龙。一些科学家认为热河翼龙会吸其他恐龙的血，也有的认为热河翼龙吃昆虫。在内蒙古发现了一块保存完好的热河翼龙化石，上面还留有它的皮肤和羽毛的痕迹。

翼龙怎么飞？

翼龙会“跳伞”！它们会从一个悬崖上跳下来，然后任凭自己被上升气流裹挟。有时，翼龙也会振翅飞翔。

鸟类是恐龙的后裔吗?

是的。但奇怪的是，它们的祖先是有着爬行动物骨盆的蜥臀目恐龙，而不是有着鸟类骨盆的鸟臀目恐龙。科学家们认为，生活在距今 2 亿年前的最原始的恐龙，肯定长着羽毛，只不过后来它们的羽毛脱落了。

蛙嘴翼龙长什么样?

侏罗纪

蛙嘴翼龙是一种会飞但没有尾巴的小型爬行动物。它们的身体很小，双翅展开的时候只有 50 厘米长，以蜻蜓和其他飞虫为食。

始祖鸟是鸟吗？

侏罗纪

始祖鸟不是爬行动物，而是一种长着羽毛的小型恐龙。那么始祖鸟是鸟类的祖先吗？可能是。通过研究始祖鸟的羽毛化石，人们发现它们的羽毛是黑色的，而且它可能不是很擅长飞行，但是可以在空中悬停。

侏罗纪

始祖鸟有多重？

始祖鸟长得像一只长着爪子的小鸡，它的体重只有 300 ~ 500 克。这样身材娇小的动物在群雄争霸的恐龙时代真是显得格格不入！不过，古生物学家对始祖鸟的研究兴趣特别浓厚。

哪种恐龙9米长，还有一个长长的头冠？

无齿翼龙展开翅膀的时候有9米长，长长的喙里面没有牙齿，头冠像船舵一样可以用来控制方向。

风神翼龙的名字背后有什么故事吗？

风神翼龙不是阿兹特克人的羽蛇神，但名字却源于此。它们是迄今为止最大的飞行动物之一，生活在距今6 600万年前。风神翼龙的翼展长达12米多，四脚走路，有一个大大的嘴巴，但是没有牙齿。

白垩纪

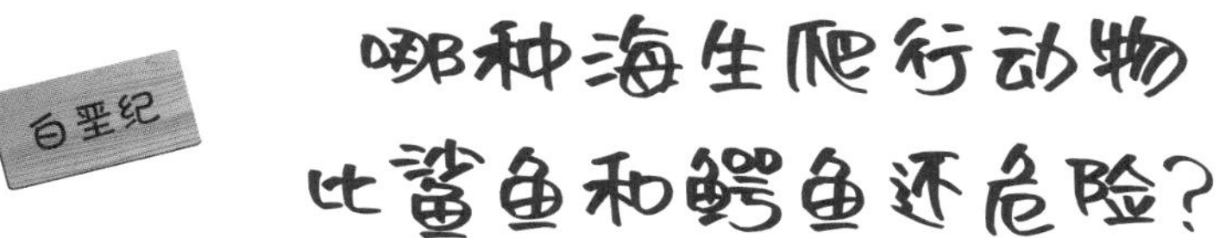

哪种海生爬行动物比鲨鱼和鳄鱼还危险？

克柔龙。它们身长 13 米，游泳速度很快，这可能是因为其长着两副鱼鳍。克柔龙的嘴巴是极具杀伤性的武器，因为它们的牙齿比暴龙的还多，而且每颗牙长达 25 厘米！

海生爬行动物吞下石头是为了帮它们潜到水底吗？

如果是的话，它们要吞下大量石头才能沉下去。所以，它们吞石头不是为了潜泳，而是像植食性恐龙一样，为了帮助消化食物。

上龙和蛇颈龙有什么区别？

从三叠纪到白垩纪

上龙的颌骨非常有力，长着锋利而坚韧的牙齿。蛇颈龙的脖子很长，有一个小脑袋，是优秀的追捕者。两者都属于蛇颈龙目。

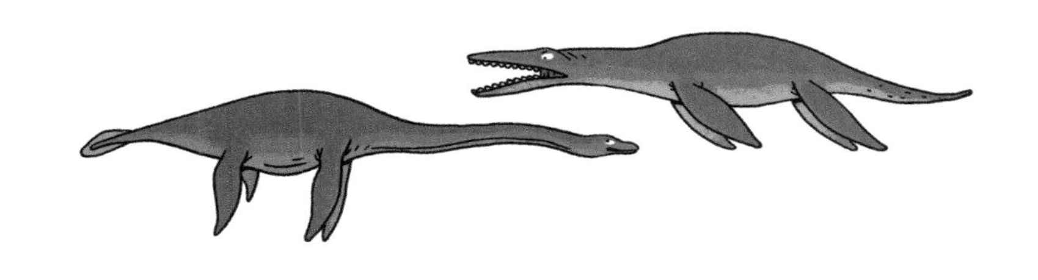

人们是怎么知道上龙嗅觉很好的？

通过扫描上龙嘴巴部分的化石并进行研究，科学家们发现上龙能在水下捕食猎物，嗅觉如同今天的鳄鱼一般灵敏。

双型齿翼龙是在哪里被发现的？

侏罗纪

1828 年，有人在英国多塞特地区，即著名的“侏罗纪海岸”，发现了这种会飞的爬行动物，长着海鸟一般的喙。“双型齿翼龙”的名字是古生物学家理查德·欧文起的，意思是“两种牙齿”，因为这种恐龙长着两种不同的牙齿：尖牙和平牙。

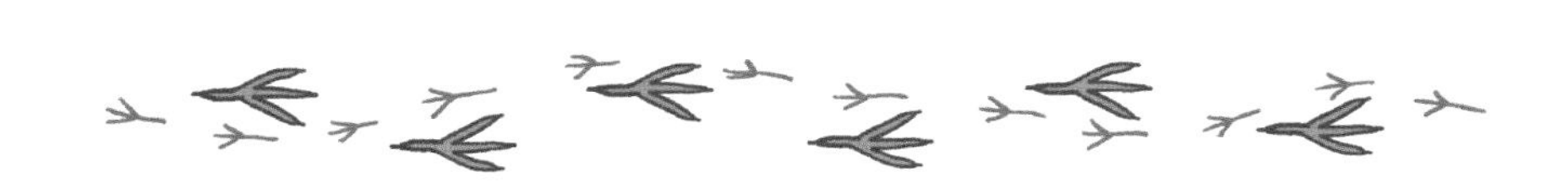

已发现的哪种翼龙体型最小？

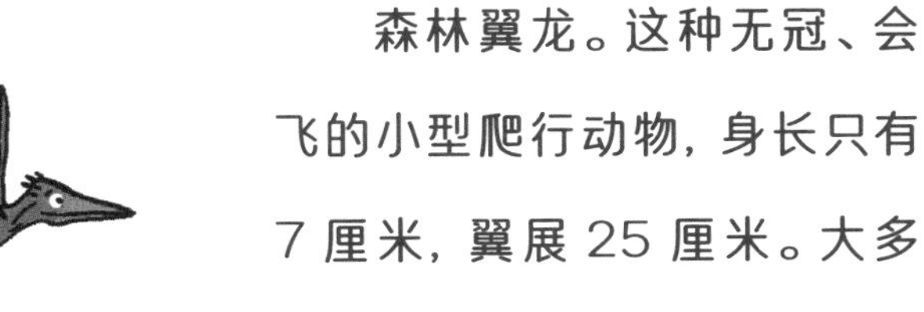

森林翼龙。这种无冠、会飞的小型爬行动物，身长只有 7 厘米，翼展 25 厘米。大多数翼龙都生活在海边，而森林翼龙却在针叶林里安家。

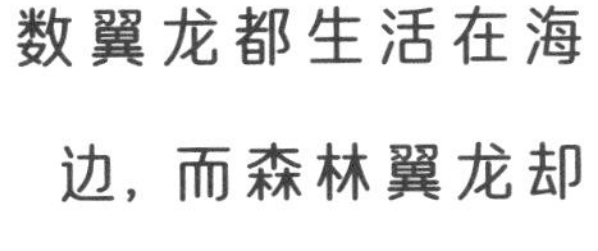

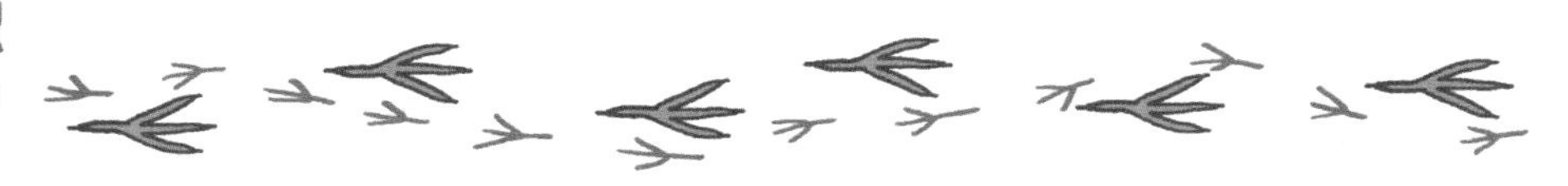

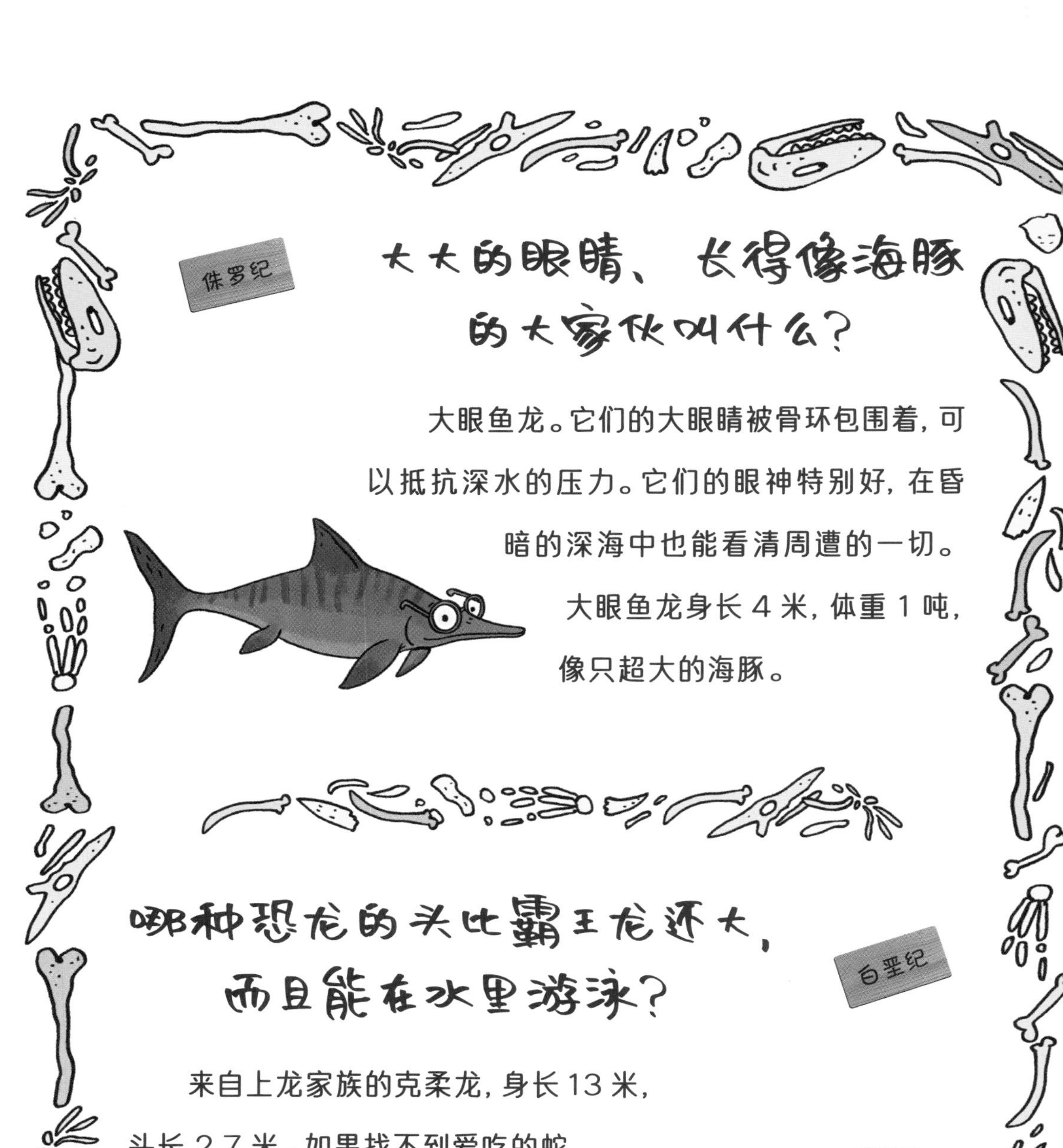

大大的眼睛、长得像海豚的大家伙叫什么？

大眼鱼龙。它们的大眼睛被骨环包围着，可以抵抗深水的压力。它们的眼神特别好，在昏暗的深海中也能看清周遭的一切。

大眼鱼龙身长 4 米，体重 1 吨，像只超大的海豚。

白垩纪

哪种恐龙的头比霸王龙还大，而且能在水里游泳？

来自上龙家族的克柔龙，身长 13 米，头长 2.7 米。如果找不到爱吃的蛇颈龙，它们也会吃鱿鱼和一些软体动物。生物学家曾在澳大利亚发现了几乎完整的克柔龙骨架化石。

天空巨兽，一个大旅行家！猜猜它是谁？

白垩纪

鸟掌翼龙。这种会飞的大型爬行动物翼展有 6 ~ 12 米，体重 100 千克，能连飞几天，有时甚至能连飞几周，从一个大陆飞到另一个大陆。

白垩纪

哪种海鸟体型巨大但不会飞？

黄昏鸟，高达 2 米，会游泳和潜水，翅膀很小，不会飞，最喜欢吃的食物是菊石和鱼类，生活在白垩纪。

侏罗纪

谁是海洋里最可怕的杀手？

滑齿龙，身长 25 米，体重 100 吨，它们穿着一副结实的甲胄，拥有锋利的武器：两副坚实的鳍，长约 30 厘米的牙齿。而且，滑齿龙不光可以在水下捕杀猎物，也能对岸边的猎物发起攻击。

海生爬行动物最大的特点是什么？

海生爬行动物可以调节自身体温，无论水温如何，它们的体温都能保持在 35 ~ 39℃。海生爬行动物可以自供能量，能在水中快速游很长时间。

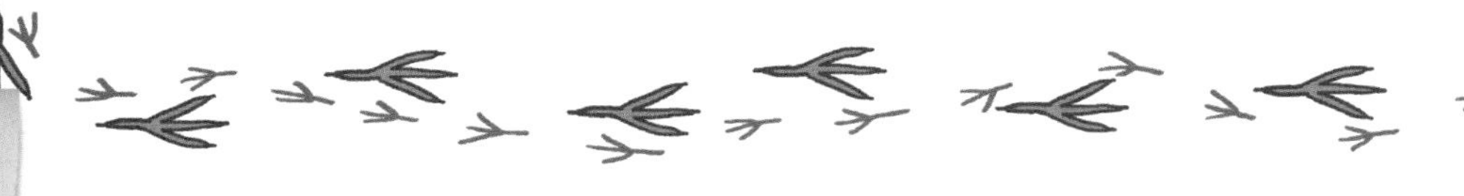

谁是最古老的海生爬行动物？

白垩纪

古巨龟，是海龟的一种，身长 4 米，体重近 2 吨，长着鹰钩嘴，最爱吃水母。尽管古巨龟如今已经灭绝了，但是它的后代，比如棱皮龟，依然存活于世。

白垩纪

哪种水生爬行动物让海洋世界陷入恐惧？

海王龙，是白垩纪时期一种凶猛的大型肉食性动物，1974 年发现于加拿大。海王龙体型庞大，从头到尾有 13 米长。鲨鱼、蛇颈龙、海龟、鱼类等，都是海王龙的盘中餐。

海鳗龙是怎么漂浮起来的？

当肺里充满空气时它们就可以浮起来了。海鳗龙的脖子很灵活，上面顶着一个小脑袋。这种 5 ~ 6 米长的蛇颈龙生活在距今 7 000 万—8 500 万年前，以鱼类、头足纲、长触手的软体动物为食。

蛇颈龙的宝宝是怎么出生的？

和哺乳动物一样，蛇颈龙的宝宝是直接从妈妈的肚子里生出来的。

侏罗纪

哪种海生爬行动物像是上龙和蛇颈龙的混合体？

巨板龙，上龙家族最古老的祖先之一，在地球上生存了 1 500 万年。巨板龙和蛇颈龙一样有着长长的脖子、有力的鳍，让它们能在海洋中畅行无阻。

薄板龙长得像哪种奇怪的生物？

白垩纪

薄板龙长得像臭名昭著的苏格兰尼斯湖水怪：一种大型水生似蛇类恐龙。时至今日，尼斯湖水怪仍然是个未解之谜。

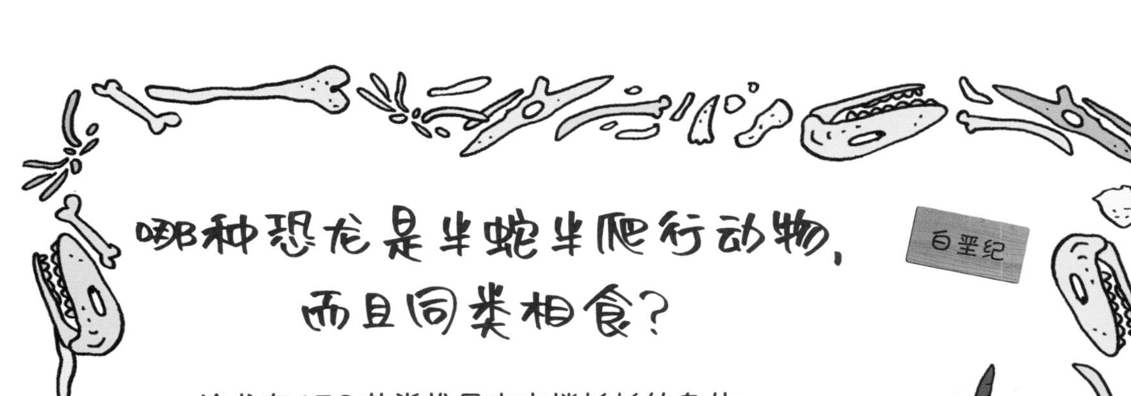

白垩纪

哪种恐龙是半蛇半爬行动物，而且同类相食？

沧龙有150节脊椎骨来支撑长长的身体。化石样本研究表明，沧龙有 9 ~ 18 米长，长着一条鲨鱼般的尾巴和大大的嘴巴，会吃蛇颈龙、乌龟、鱼类、翼龙，甚至是它们的同伴！

阿兰伯利怪物是什么？

1984 年，人们在墨西哥发现了一种身长 15 米的大型上龙，它们大约生活在距今 1.5 亿年前的海洋里。

海洋通道是什么？

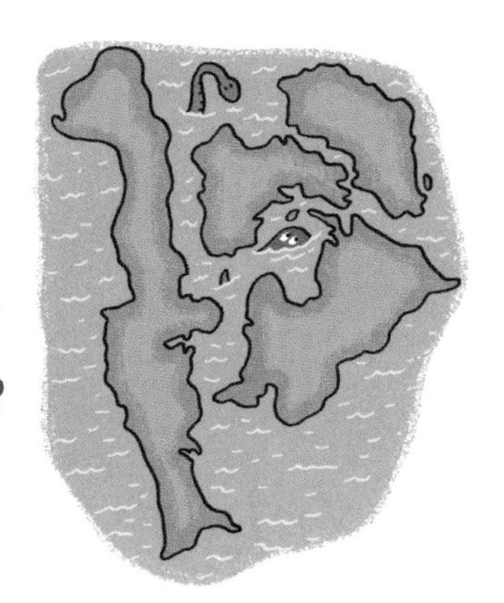

1 亿年前，大陆板块分裂的时候，一片很大的内陆海把北美洲一分为二，这片海域就叫作海洋通道。这里的海水很浅而且很温暖，孕育了非常丰富的海洋生物群落，里面生活着一些大型海生爬行动物、鲨鱼，以及各种各样的鱼类。

在侏罗纪时期，哪种鱼常与海洋爬行动物做伴？

利兹鱼。这种鱼凭借 16 米长的魁梧身型，稳坐侏罗纪时代鱼中霸王的宝座。像鲸鱼一样，利兹鱼会利用自己的胡须捕食浮游生物。

谁是已知最古老的翼龙？

三叠纪

真双型齿翼龙，只生活在三叠纪。通过研究它们胃化石里的残留物，人们知道了它们喜欢吃鱼。

哈特兹哥翼龙的竞争对手是谁？

风神翼龙，也是一种体型很大的翼龙。但是相比而言，哈特兹哥翼龙更胜一筹，它们翼展 14 米，身长 8 米，身高 6 米，还有一个 3 米长的头。

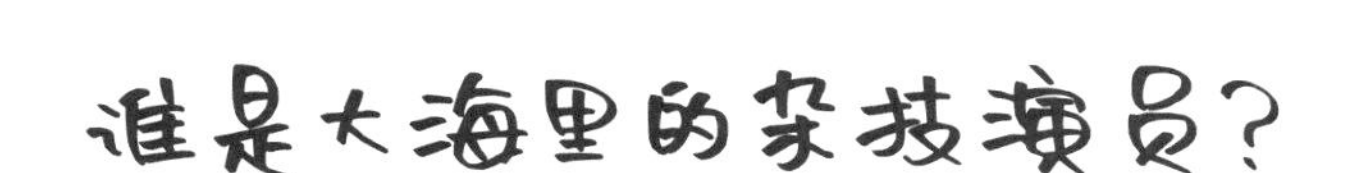

谁是大海里的杂技演员？

鱼龙有着光滑的身体和一条半月形的尾巴，它们在水中游动时姿态优美，让人不由得猜测鱼龙或许会像海豚一样翻滚跳跃，活像个海底的杂技演员。

谁是海洋爬行动物中的冲浪冠军？

秀尼鱼龙，是大型鱼龙之一，身长 14 ~ 15 米，没有背鳍，有 4 个长长的侧鳍，可以划水冲浪。秀尼鱼龙是名副其实的冲浪冠军，但在游泳项目中却成绩一般。

为什么说海生爬行动物曾经是陆生动物？

海生爬行动物身上还保留着一些陆生动物的特征。比如，人们发现在海生爬行动物平坦的鳍里面长着类似陆生动物的五指手骨。

下三叠纪

巢湖龙的特点是什么？

巢湖龙是迄今为止人们发现的最古老的鱼龙。在中国发现的巢湖龙骨架化石表明，巢湖龙是胎生动物。而且，巢湖龙很可能是在陆地上生宝宝的。

会飞的爬行动物分为哪两种?

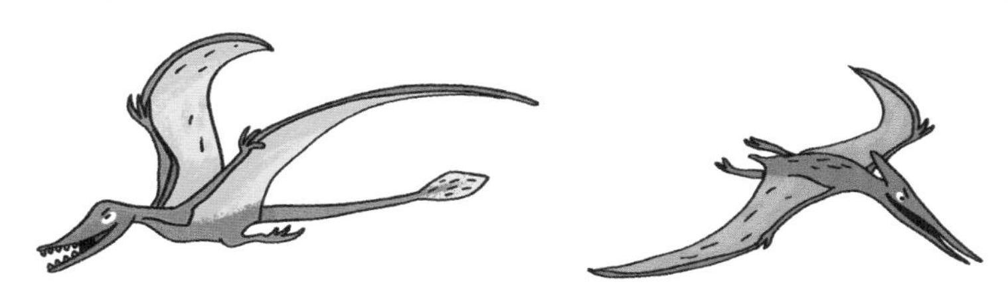

喙嘴翼龙亚目和翼手龙亚目。前者长着长长的尾巴和大大的翅膀,生活在三叠纪,消失于侏罗纪。后者生活在白垩纪,没有尾巴,体重更轻,长着长长的头。

为什么达尔文翼龙如此特别?

侏罗纪

这种会飞的蜥蜴结合了两种翼龙的特点:既长着喙嘴翼龙般长长的尾巴,又长着翼手龙般长长的头。人们在一个雌性达尔文翼龙化石附近发现了一个像鳄鱼蛋似的软壳蛋,这意味着达尔文翼龙可能会把它们的蛋埋在地下藏起来。

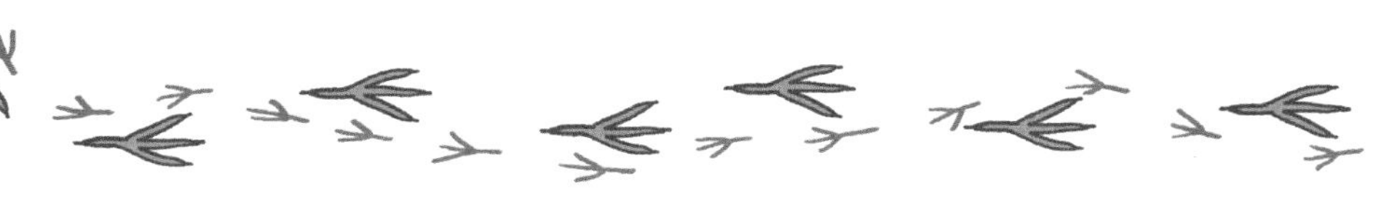

倾齿龙属于哪个恐龙家族？

白垩纪

倾齿龙是沧龙的一种。这种大型海生爬行动物重达 10 吨，是白垩纪时期最可怕的海洋肉食性动物之一。它们长着一口锋利的牙齿，可以轻松撕碎猎物。

在马斯特里赫特发现的最大的动物是什么？

白垩纪

1770 年，在荷兰的马斯特里赫特出土了一个大型动物头骨化石，一开始人们以为是一种大型鳄鱼类动物。后来，人们才给它命名为“沧龙”。

恐龙的记录

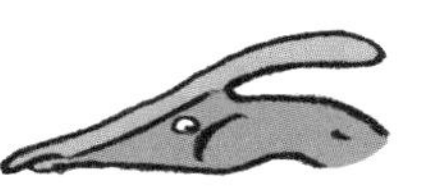

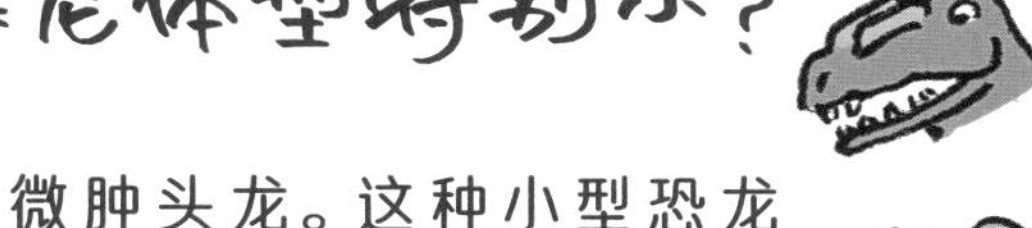

哪种恐龙体型特别小？

微肿头龙。这种小型恐龙只有 50 厘米长，吃素的饮食习惯让它们保持身体健康，每小时能跑 40 千米。在中国发现的化石表明，微肿头龙生活在距今 7 000 多万年前。

最壮观的恐龙骨架化石发现地在哪里？

在比利时。1878 年，在比利时的贝尼萨尔，一些矿工发现了 40 具几乎完整的禽龙骨架。这是恐龙骨架化石发掘史上最令人震撼的一次发现。

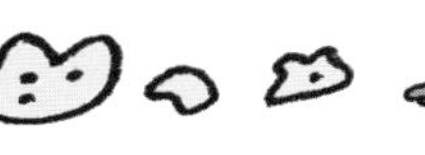

哪种恐龙像楼房一样高？

泰坦巨龙，它们是一种植食性恐龙，2014 年在阿根廷南部被发现。它身长将近 40 米，几乎和一架波音飞机一样大，抬起头时身高可达近 20 米，和一栋 7 层的楼一样高！

哪种恐龙的爪子最长？

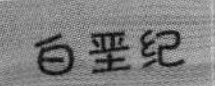

镰刀龙，一种生活在白垩纪的两足恐龙，爪子有 1 米长，像镰刀一样锋利！这样的爪子用来修整花园应该很方便吧！不过，镰刀龙可不是园丁，它们的镰刀是用来割草吃的。

最大的恐龙蛋有多大？

19 世纪时，人们在欧洲发现了直径 36 厘米的恐龙蛋。大约在 1993 年，人们在中国又发现了长 55 厘米、直径 14.5 厘米的恐龙蛋。

恐龙的始祖是谁？

是始盗龙。它们的运气很好，得到了一个非常有诗意的名字：破晓的掠夺者。意思是说始盗龙出现于恐龙时代的黎明，也就是恐龙统治地球的早期。始盗龙高 40 厘米，长 1 米，拖着一条长长的尾巴，既吃小动物也吃植物。

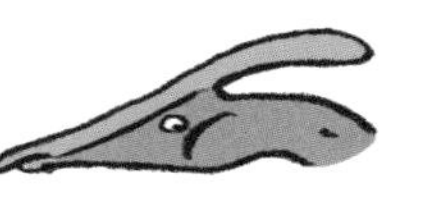

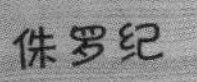

迷惑龙有多重？

迷惑龙重达 30 吨，生活在 1.5 亿年前的侏罗纪北美洲地区。这种超过 20 米长的大型植食性恐龙几乎一整天都在吃东西，否则它们就要挨饿了！人们过去常把迷惑龙和腕龙相混淆。

最后灭绝的恐龙是什么？

白垩纪

是三角龙。6 500 万年前，一颗巨大的小行星撞击地球，毁坏了大片陆地，导致了恐龙的灭绝。

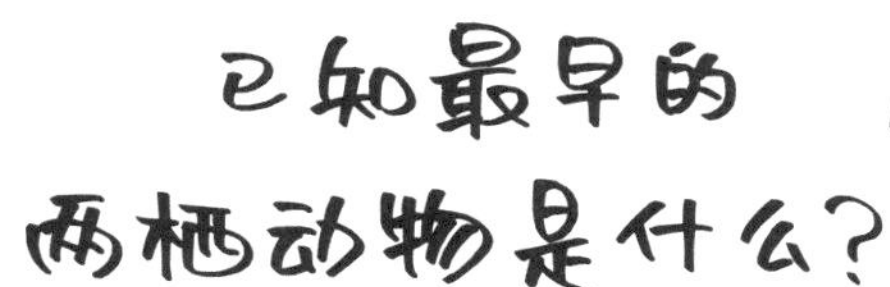

已知最早的两栖动物是什么？

鱼石螈，生活在距今 3.6 亿年前的海洋里，是第一个用肺呼吸的动物，有四肢，每个爪子上有 7 根手指。

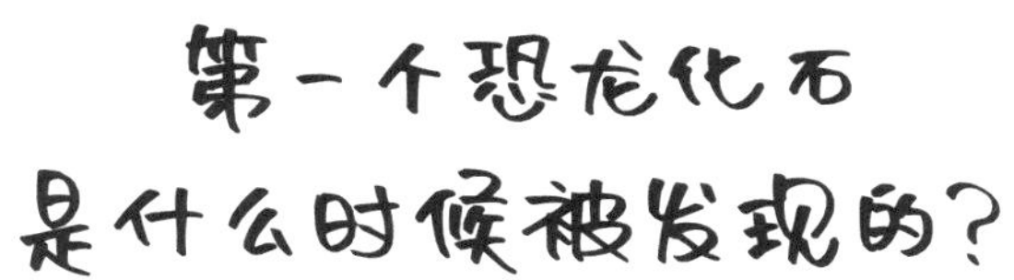

第一个恐龙化石是什么时候被发现的？

1677 年，一位名叫罗伯特·普洛特的英国化学家发现了一块大骨头，当时他认为这应该是一个巨人的骨头。到了 1820 年，吉迪恩·曼特尔发现了一颗巨大的牙齿，于是他就把这种长着巨大牙齿的神秘动物叫作禽龙。

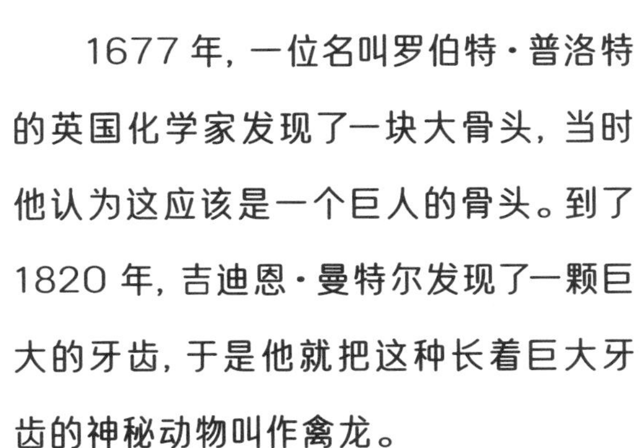

三叠纪哪种恐龙的脖子最长？

长颈龙的脖子长3米，占身长的一半，生活在距今2.35亿年前。它们有时候生活在水里，有时候生活在陆地上。因为长颈龙只有10节脊椎骨，所以生物学家们认为它们的脖子可能立不起来。

恐龙统治了地球多长时间？

恐龙统治地球超过1.6亿年，它们直到距今6 500万年前才从地球上消失，但是科学家们认为一些恐龙在灾难中幸存了下来，因为他们发现了一些年代更近的恐龙化石。

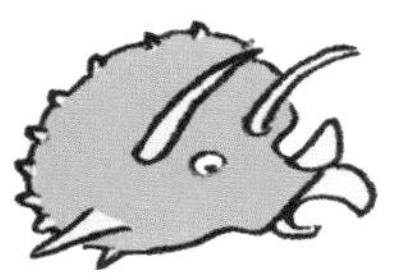

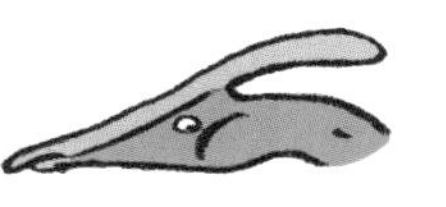

谁是恐龙时期的巨无霸？

超龙，也叫巨超龙，身长35～40米，体重40吨，光是肩胛骨就有2米长。古生物学家吉姆·詹森在美国的科罗拉多州发现了超龙的化石。

最古老的恐龙有哪些？

有始盗龙、始驰龙、南十字龙。它们出现于距今2.35～2.3亿年前。不过，科学家们还在不断发现更古老的恐龙骨骼化石。比如，帕氏尼亚萨龙生活在距今2.45亿年前。

侏罗纪

谁是恐龙界的大吃货？

蜥脚亚目的恐龙。这类恐龙是大型植食性动物，例如梁龙、腕龙和迷惑龙，它们每天能吞下180 ~ 200 千克的植物。在侏罗纪时期，地球上生长着高大的蕨类和热带植物可供它们享用。

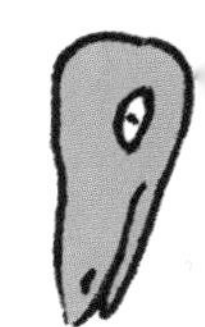

孩子们最耳熟能详的恐龙是哪种？

白垩纪

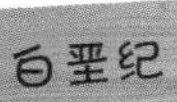

是霸王龙，又叫雷克斯暴龙，也是电影《侏罗纪公园》的主角之一。

哪种动物比恐龙还古老，而且至今仍然存活于世？

腔棘鱼，一种在地球上存活了4亿年的鱼类。时至今日，我们在印度洋科摩罗公海附近仍然可以找到它们的踪迹。

哪种海生爬行动物的脖子最长？

白垩纪

薄板龙。它们身长15米，脖子占身长的一半。最惊人的是，薄板龙有76块颈椎骨。要知道，长颈鹿才只有7块颈椎！

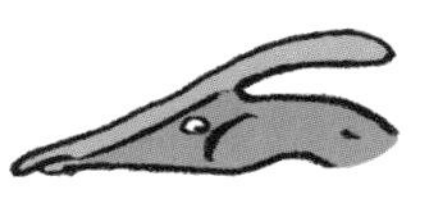

在白垩纪哪种恐龙最长？

白垩纪

阿根廷龙。它们身长 30 米，身高 8 米，打破了波塞冬龙 18 米身长的记录。而波塞冬龙又在与腕龙的较量中获得了胜利。这些长脖子的恐龙真应该组个篮球俱乐部!

白垩纪

哪种恐龙的头最大？

牛角龙的身高有 2.8 米，而它们的头就占身体的一半长。但是如果五角龙算上它们颈部的大“领子”的话，就比牛角龙的头更大了。

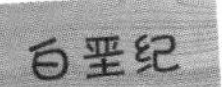

哪种恐龙最聪明？

伤齿龙的大脑和苹果一样大，这在恐龙界已经算得上是“最强大脑”了！它们非常聪明。伤齿龙有 3 根手指，可以用手发起攻击。虽说它们是一种小型恐龙，但也有 2 米长，45 千克重，活像一只胖墩墩的鸡。

哪种恐龙最笨？

科学家们可以通过恐龙的身体体积和大脑体积的比率来计算出恐龙的智商。蜥脚亚目的恐龙，例如梁龙、甲龙和棘龙的智商都比较低。

哪种会飞的爬行动物翅膀最特别？

空尾蜥的翅膀像悬挂式滑翔机，这是一种出现于二叠纪的小型爬行动物。人们认为空尾蜥会像鼯（wú）鼠一样，从一个树冠滑翔至另一个树冠。空尾蜥的翅膀里长着许多根细骨，外面覆盖着一层薄膜。

二叠纪

最大的恐龙蛋群落在哪里？

法国的普罗旺斯，因不断出土恐龙蛋化石而闻名世界。自 1947 年起，人们就不断从这里挖掘出新的恐龙蛋。

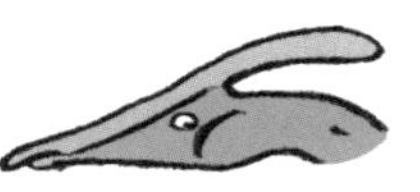

哪种恐龙最先拥有了自己的名字？

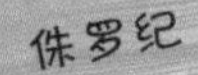

斑龙。1824 年，地质学教授威廉·巴克兰在英国牛津市附近发现了斑龙的下颌骨化石，并向世人宣布：“这是一只巨大的蜥蜴。”斑龙在希腊语中就有“巨大的蜥蜴”之意。

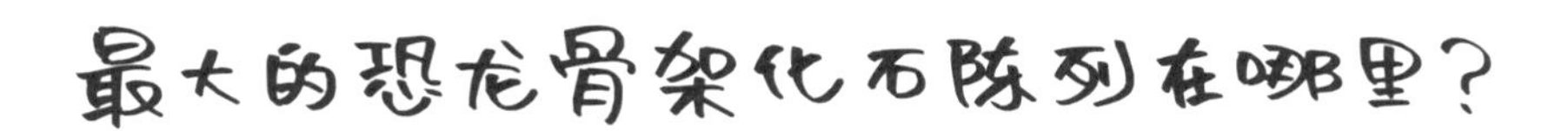

最大的恐龙骨架化石陈列在哪里？

自 2016 年初开始，在美国纽约的自然历史博物馆就陈列着泰坦龙的重组骨架，总长超过 37 米。由于没有这么大的房间来完全容纳这个庞然大物，它的头和脖子只好“伸出”展厅。

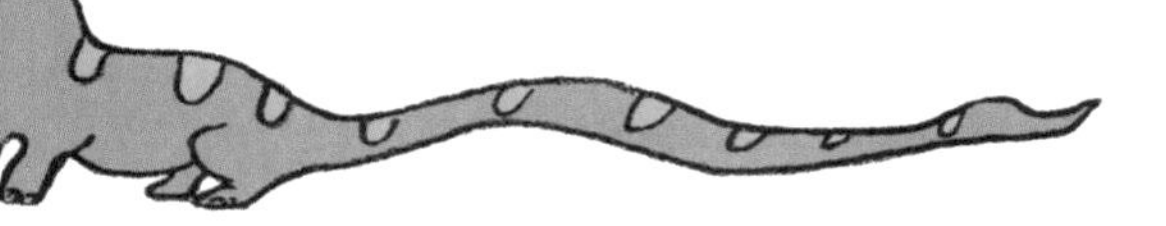

最大的肉食性恐龙是什么？

你可能会猜是霸王龙，但其实不是，最大的肉食性恐龙是棘龙。棘龙身长至少 15 米，长得像鸭子或者短吻鳄。棘龙喜欢生活在水里和沼泽地里，会像熊一样用爪子捕鱼吃。

谁是最优秀的游泳选手？

大眼鱼龙。侏罗纪时期的所有生物中，大眼鱼龙的游泳速度是最快的,每小时可达 40 千米。此外，大眼鱼龙还保持着眼睛最大的世界纪录，它们长着直径 25 ~ 30 厘米的大眼睛。

白垩纪

哪里发现的恐龙最多？

在阿根廷南部的巴塔哥尼亚地区，有一个名叫埃尔乔罗的沙漠地带，这里也被叫作“恐龙之谷”。卡氏南方巨兽龙、阿根廷龙、泰坦龙等，都是在这里被发现的。

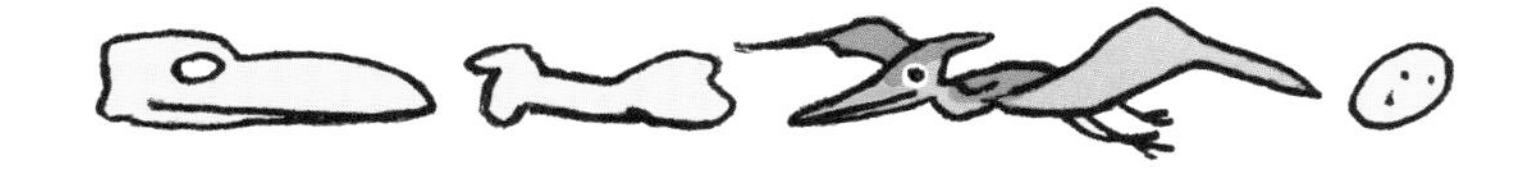

体型很小且跑得很快的两足恐龙叫什么？

侏罗纪

美颌龙，体型大小跟母鸡差不多，每小时可以跑 64 千米，这个速度几乎是在飞！这是一种特别灵巧的小型肉食性动物，擅长捕食小动物、蜥蜴和昆虫。

侏罗纪最凶猛的掠食者都有谁？

侏罗纪和白垩纪

肉食龙类恐龙。这些残暴的肉食性恐龙大多都长着巨大的爪子，因而能轻易撕碎猎物。肉食龙的身长相当于4辆小轿车，体重也不容小觑，它们可以轻松攻击大型植食性动物。异特龙和斑龙都属于肉食龙。

哪种恐龙长着满满一口好牙？

白垩纪

埃德蒙顿龙的牙齿有1 000颗，紧密地排列在嘴里，可以咬断最坚硬的植物。埃德蒙顿龙身长可达13米，是鸭嘴龙大家庭中的大个头成员，但它们没有头冠。

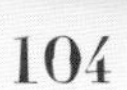

最大的长有羽毛的恐龙是在哪里发现的？

白垩纪

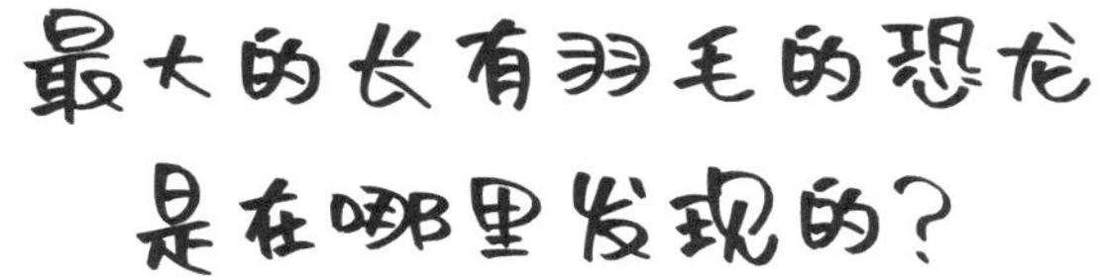

在中国的东北。由于它们是霸王龙的近亲，中国的古生物学家们把它们叫作华丽羽王龙，即“长着华丽羽毛的暴君”。这种像大公鸡一样的恐龙还有一口漂亮的牙齿。

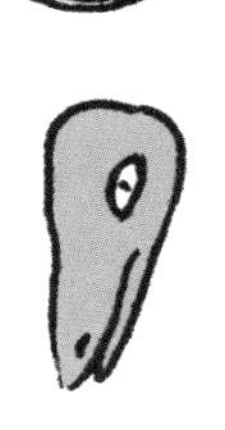

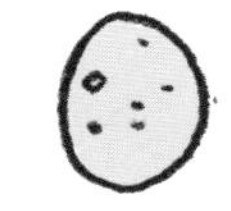

窃蛋龙科中，谁的体型最大？

白垩纪

巨盗龙。它们身高 4 米，身长 8 米，是窃蛋龙科中的巨无霸。巨盗龙长相奇怪，似鸟非鸟，不会飞，只在蒙古国被发现过。

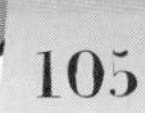

世界上最大的恐龙蛋收藏地在哪里？

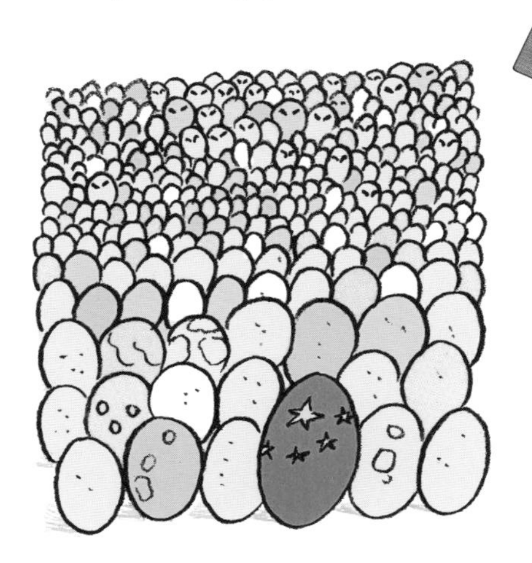

在中国广东省河源恐龙博物馆里保存着 1 万多颗恐龙蛋，这些恐龙蛋的年代最早可追溯至白垩纪下半叶，主要是窃蛋龙和鸭嘴龙的蛋。

迄今发现最古老的有角的恐龙是什么？

辽宁角龙，一种长着角的植食性恐龙，大小如同一只狗，是三角龙的祖先，生活在距今 1.45 亿年前，发现于中国东北的辽宁省义县——一个盛产恐龙化石的地方。

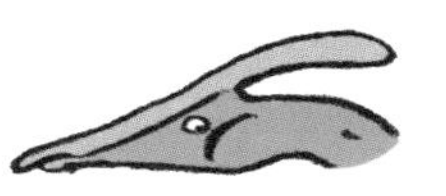

哪里发现的恐龙足迹最多？

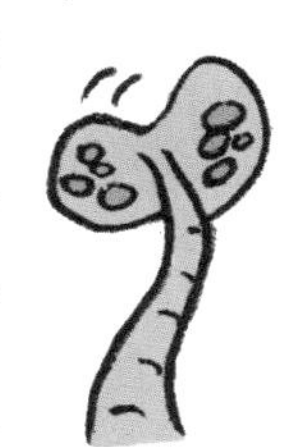

澳大利亚昆士兰州云雀采石场保护公园是世界上发现恐龙足迹最多的地方。其中有150只恐龙的脚印可能是一群恐龙在被一只大型肉食性恐龙追逐的时候留下的。

世界上最大的恐龙化石群落在哪里？

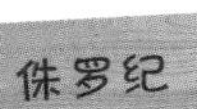

在阿根廷南部的巴塔哥尼亚，有一个大约6万平方千米的恐龙化石发掘区，这里呈现出了侏罗纪的生态面貌，科学家们能够从中找到那时的河流、地质、植物、蠕虫、昆虫、微生物等的遗留痕迹。

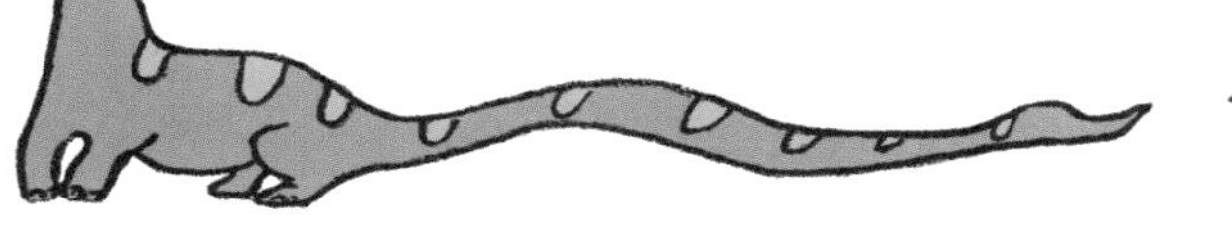

非洲最大的恐龙化石发掘地在哪里？

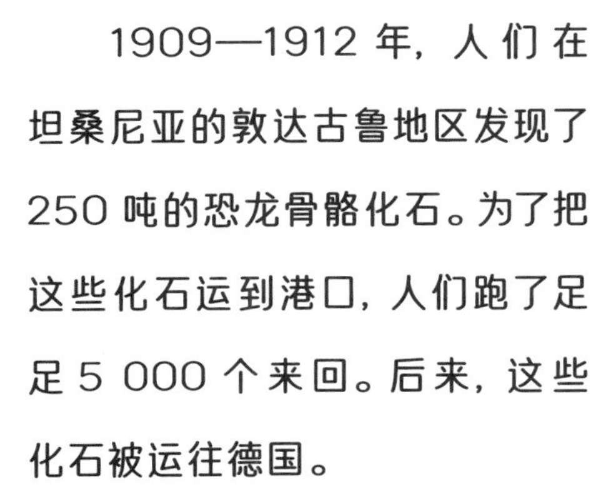

1909—1912 年，人们在坦桑尼亚的敦达古鲁地区发现了 250 吨的恐龙骨骼化石。为了把这些化石运到港口，人们跑了足足 5 000 个来回。后来，这些化石被运往德国。

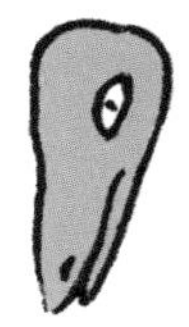

北美地区最大的恐龙化石发掘地在哪里？

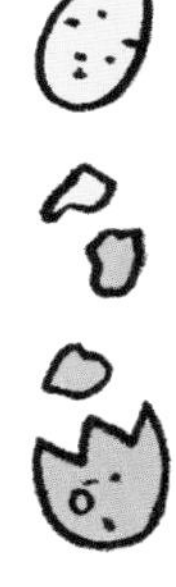

美国的莫里森组化石群占地面积约为 150 万平方千米，范围涉及科罗拉多州、怀俄明州和得克萨斯州。这个地区发现的恐龙化石年代可以追溯至侏罗纪早期。

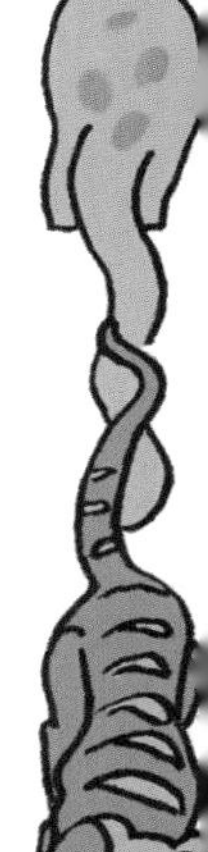

恐龙究竟有多少种？

到目前为止，已被编录的恐龙种类有 700 ~ 800 种，但是在很多国家仍然不断有新的恐龙化石被发现。

哪种恐龙的嘴巴最有力量？

白垩纪

毫无疑问，霸王龙的嘴巴最强劲有力。经过英国科学家们的测试，霸王龙每颗牙齿的咬合力约为 5 吨！而人类一颗牙齿的咬合力才 70 ~ 100 千克。

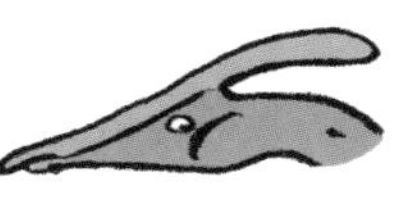

最古老的海生爬行动物是什么？

三叠纪

是幻龙。它们既可以在水里游泳，也可以在岸边生活。科学家们认为幻龙也是游泳高手。幻龙消失于三叠纪末期。

最大的鸭嘴恐龙是什么？

白垩纪

是山东龙。它们身长 15 米，高 8 米。这种 8 吨重的巨兽可以靠身体的重量来压垮对手。在身材方面，山东龙可以和赖氏龙相媲美。

哪种恐龙是身披铠甲的“巨人”？

白垩纪

甲龙身长 10 米，是最大的背上长着大片骨质板的恐龙，它们看起来俨然一位位披盔戴甲的勇士。这些恐龙都是植食性的，主要可分为两类：剑龙类和甲龙类。

哪种恐龙的脑子最小？

剑龙的头大约只有 70 克，仅是它体重的 1/250 000！剑龙虽然看起来不太机灵，但是装备特别好：后背上长了两排大刺状的骨质板。

最大的鱼龙是什么？

三叠纪

萨斯特鱼龙。这种鱼龙的嘴巴很短，身长可达 21 米，只生活在三叠纪，通过吸食贝壳中的肉来生活。

恐龙时代中哪个时期最长？

白垩纪是恐龙时代中最长的一个时期，也是恐龙生活的最后一个时期。这一时期植物生长日益繁盛，大量新的恐龙种类也随之诞生。这样繁荣富饶的恐龙国度总共持续了 8 000 万年。

恐龙的羽毛是什么颜色的？

这个问题很难回答。目前，古生物学家们仅在恐龙羽毛化石里发现了细微的羽毛色彩痕迹。

有哪些恐龙题材的电影？

史蒂文·斯皮尔伯格导演的《侏罗纪公园》是家喻户晓的恐龙题材电影。此外，还有恐龙动画片《小脚板走天涯》《丹佛·最后一只恐龙》《恐龙当家》《恐龙火车》等，也受到孩子们的喜爱。

欧洲第一家恐龙博物馆在哪里？

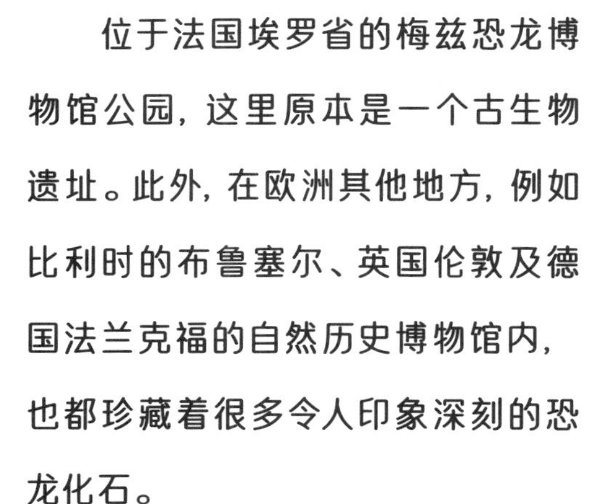

位于法国埃罗省的梅兹恐龙博物馆公园，这里原本是一个古生物遗址。此外，在欧洲其他地方，例如比利时的布鲁塞尔、英国伦敦及德国法兰克福的自然历史博物馆内，也都珍藏着很多令人印象深刻的恐龙化石。

世界上第一家恐龙主题公园是哪个？

是英国伦敦水晶宫，建于 1851 年，这里收藏了 1851 年世界博览会上的恐龙仿制品。在这里，游客们还可以看到各种恐龙的模型。

小小时间轴，帮你梳理恐龙小历史

著作权合同登记号：图字 02—2022—253

图书在版编目（CIP）数据

拉鲁斯科学馆：全三册 /（法）萨宾娜 · 朱尔丹，（法）安妮 · 罗耶，（法）苏菲 · 德 · 穆伦海姆著；王肖艳，宋傲，陈月淑译 . -- 天津：天津科学技术出版社，2022.11

书名原文：DIS-MOI

ISBN 978-7-5742-0650-2

Ⅰ . ①拉… Ⅱ . ①萨… ②安… ③苏… ④王… ⑤宋… ⑥陈… Ⅲ . ①宇宙－儿童读物 Ⅳ . ① P159-49

中国版本图书馆 CIP 数据核字 (2022) 第 205431 号

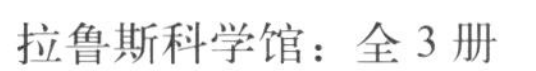

拉鲁斯科学馆：全 3 册
LALUSI KEXUEGUAN: QUAN 3 CE
责任编辑：马妍吉
出　　版：天津出版传媒集团
　　　　　天津科学技术出版社
地　　址：天津市西康路 35 号
邮政编码：300051
电　　话：（022）23332695
网　　址：www.tjkjcbs.com.cn
发　　行：新华书店经销
印　　刷：河北鹏润印刷有限公司

开本 710 × 1000　1/16　印张 22.5　字数 60 000
2022 年 11 月第 1 版第 1 次印刷
定价：256.00 元（全 3 册）

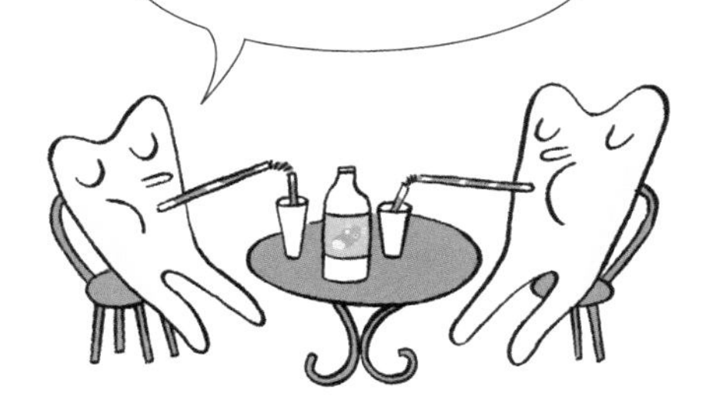

拉鲁斯科学馆 2

关于人体的 212 个奥秘

[法] 萨宾娜·朱尔丹
[法] 安妮·罗耶
[法] 苏菲·德·穆伦海姆 著

王肖艳 / 宋傲 / 陈月淑 译

天津出版传媒集团
天津科学技术出版社

人体最大的器官是什么？

为什么有时我们会打寒战？

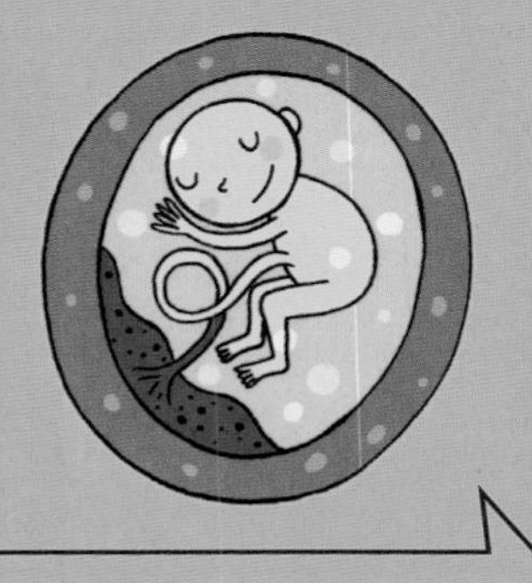

什么是胎盘？

骨骼内部是什么样的？

什么是过敏？

头发长得有多快？

什么是青春痘？

发烧有用吗？

为什么会有
左撇子和右撇子？

牙釉质在哪里？

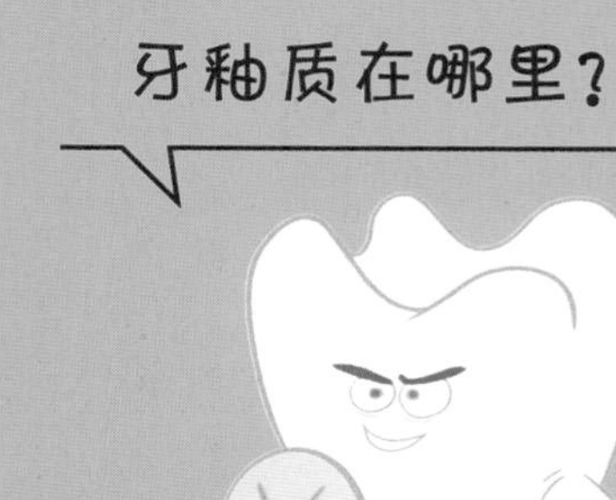

什么是关节？

什么是病毒？

目 录

CONTENTS

器官和骨骼 1

身体的运作 31

出生和成长 59

疾病与健康 87

器官和骨骼

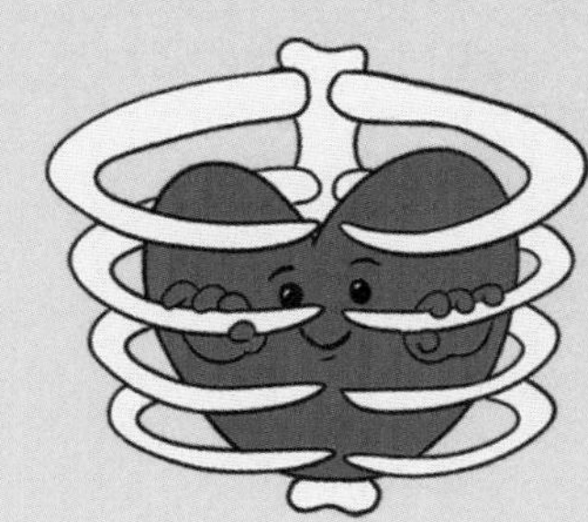

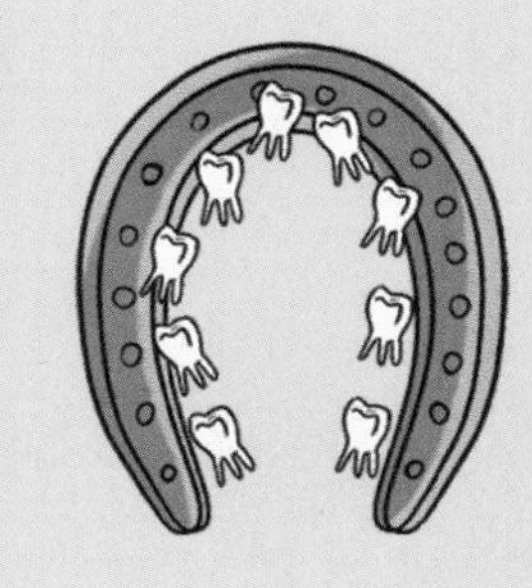

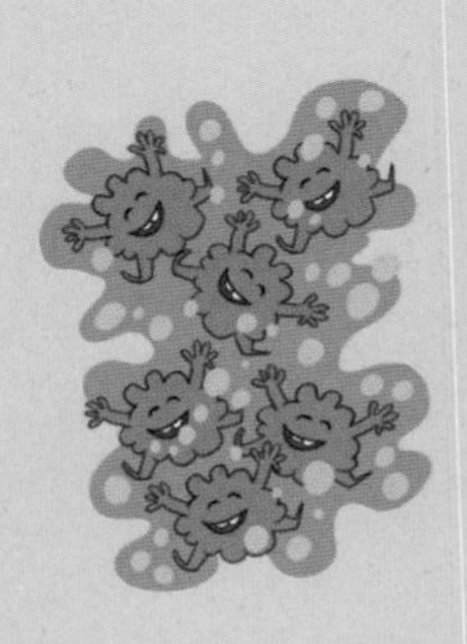

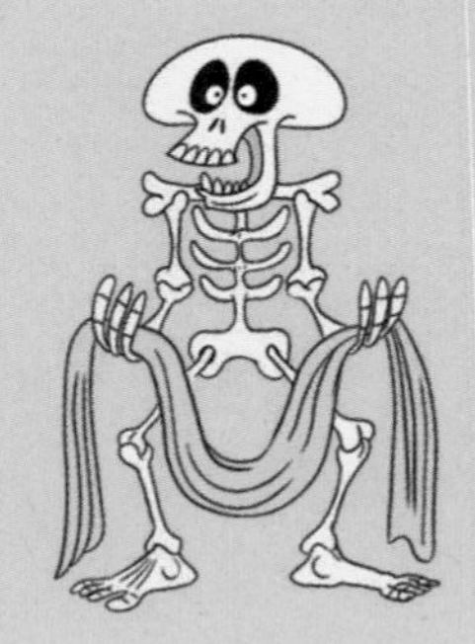

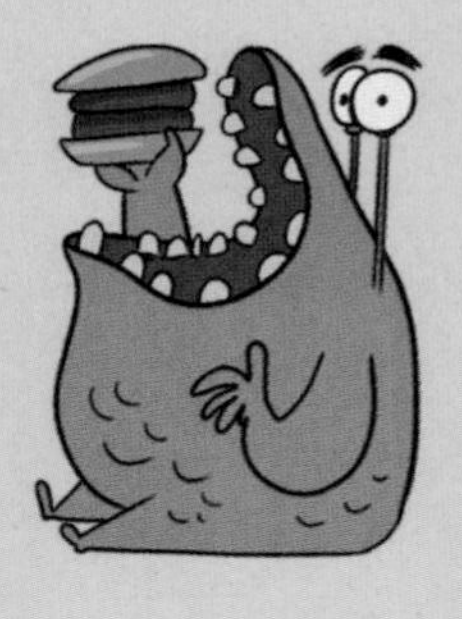

人体最大的器官是什么?

皮肤是人体最大的器官，它覆盖全身，能够抵御外来的伤害。一个成年人的皮肤展开能达到 2 平方米。此外，皮肤还是人体最重的器官，一个成年人全身皮肤的总重量能有 5 千克左右。

最外层的皮肤叫什么?

皮肤共分为 3 层，最外面的那层叫作表皮。表皮非常薄，而且更新的速度很快。据估计，一个人一生中要脱落 18 千克的死皮。

真皮位于表皮下面，是最厚的皮层。血管、神经、毛根以及汗腺都位于真皮层。真皮层下面是皮下层，这是一层脂肪，它既能够抵御寒冷，还可以起到缓冲外界压力的作用。

什么是指纹？

我们的指尖上有着非常细小的纹路，它们看起来就像一个个迷宫，这就是指纹。每个人的指纹都是独一无二的。因此，警察经常通过指纹锁定犯罪者。

什么是雀斑？

黑色素能够改变皮肤的颜色并抵御阳光的伤害。如果人们的肤色太浅，那么皮肤就会产生过多的黑色素，从而形成雀斑。雀斑多出现在脸上。

动脉有什么作用？

心脏持续给身体输送血液，当血液中氧气含量上升，动脉就会把血液运送到身体的各个部位。血液的大量汇集形成了脉搏，我们触摸脖子和手腕处就能感受到脉搏的跳动。

静脉有什么作用？

血液把氧气运送到各个器官以后，就会通过静脉回到心脏，然后进入肺部，在那里重新吸收氧气。和动脉一样，静脉也有很多分支，最微小的分支叫作毛细血管。

什么是血管？

静脉、动脉、毛细血管都是血管，也就是说，身体中能将血液运送至周身的管道都叫血管。如果把人身体中所有的血管连接在一起，总长度能达到 10 万千米，能够绕地球两圈半。

心脏有多大？

心脏有一个拳头那么大。它就像一台水泵一样，每分钟收缩和舒张 60 ~ 80 次（平静状态下），从而使血液在所有器官之间流动。一个血细胞可以在 1 分钟之内环游全身并回到心脏。

心房在哪里？

心脏由 4 个腔体组成，两个小的在上方，叫作心房，另外两个大的在下方，叫作心室。心脏中，血流的方向是固定的。

什么是主动脉？

主动脉是人体最大、最主要的动脉。由心脏内下方的左心室出发，主动脉能够把带有氧气的血液运送至全身各处（除了肺部）。

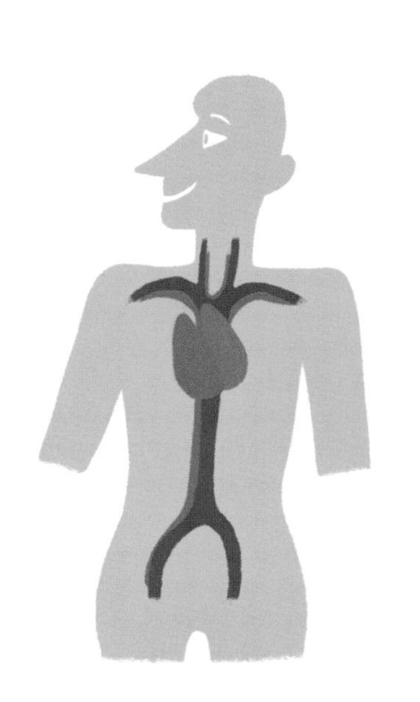

什么是血型？

不是每个人的血液类型都相同！根据不同的特征，人们把血液分为A型、B型、O型和AB型。在输血的时候一定要分清血型。

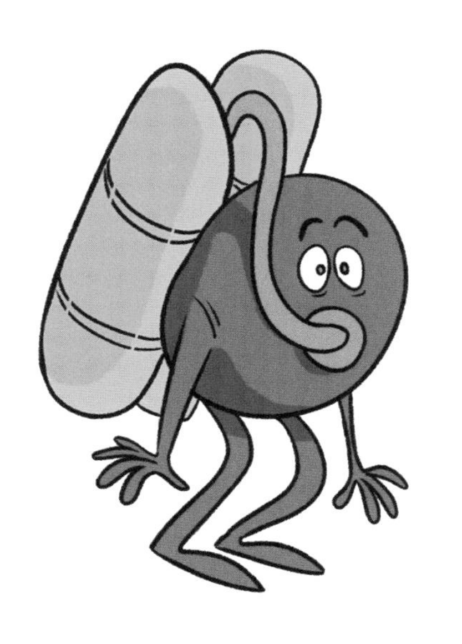

红细胞在哪里？

我们血液的 44%都是由红细胞构成的，它们的数量是白细胞的 11 倍。红细胞中所含的血红蛋白能够把氧气从肺部运送到身体其他部位的各个细胞中。

我们的血液由什么构成？

人的血液由血浆构成。血浆中有3种细胞红细胞(使血液呈红色;)起到凝血作用的血小板；还有保护我们不受微生物侵袭的白细胞。

骨架有什么作用？

骨架由关节连接，构成骨架的骨骼可以起到支撑身体的作用，从而使人们能够行动自如。有些骨骼，例如头骨和胸骨，也能起到保护脆弱器官的作用。

脊髓和骨髓是一种东西吗？

当然不是！脊髓存在于脊柱中，它通过神经将大脑施放的信息传导到身体各处。而骨髓存在于骨骼中，它的作用是制造血细胞。

我们身体里有多少块骨头？

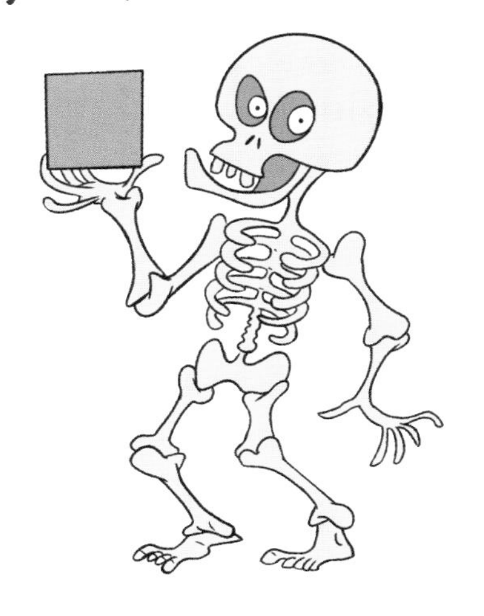

成年人身上一共有 206 块骨头，其中有 100 多块分布在我们的手、手腕、脚和脚踝上。全身最小的骨头在耳朵上，叫作镫骨，它只有一粒米那么大。

骨骼内部是什么样的？

骨骼是全身最坚固的部分，它的外部又硬又结实，而内部结构则像一块海绵。还好是这样，否则骨骼就太沉了！

什么是脊柱？

脊柱由 33 块脊椎骨组成，它们中的大部分是环形的。为了使我们能够自由行动，每两块脊椎骨之间都夹着一层软骨，这是一种既柔韧又有弹性的组织。

手上有多少块骨头？

手上一共有 27 块骨头！食指、中指、无名指和小指都由 3 根指骨组成，而大拇指只有两根指骨。多亏了这些骨头，我们才能完成写字和画画等复杂的动作。

胫骨在哪里？

胫骨在拉丁语中意为“长笛”。胫骨是小腿的两根骨头中较粗的那一根。小腿的另一根骨头叫作腓骨，它比胫骨细很多。胫骨最容易骨折，尤其是在滑雪的时候！

什么是软骨？

这种柔韧的组织覆盖了关节处的骨头，防止它们在滑动时受伤。鼻尖，两鼻孔中间的部分以及耳郭都是由软骨构成的。

人体最大的骨头是哪一块?

人体最大的骨头叫作股骨，它位于大腿上，支撑着我们全身的重量。老年人股骨和骨盆的连接处很容易受到损伤，也就是股骨颈骨折。

在早上更矮还是在晚上更矮?

晚上要更矮一些。一个成年人的身高在晚上平均要比早上矮1厘米！白天，在身体重量的作用下，椎间盘会变扁，不过别担心，经过一夜的睡眠休息，它又会恢复原来的大小。

砧骨和镫骨在哪里？

镫骨是人身上最小的骨头。之所以叫作镫骨，是因为它的形状和骑士骑马时踩的脚蹬非常相似。镫骨在耳朵上，夹在锤骨和砧骨两块略大的骨头之间。

颅骨有什么样的保护作用？

颅骨分为两部分，一部分是头骨，由 8 块骨头组成，作用是保护大脑；另一部分是面骨，由 14 块骨头组成。除了下颌骨以外，其他的骨头都是通过一种具有黏性的蛋白质相连的，而下颌骨则由肌肉和肌腱连接在头骨上。

哪个器官长得像核桃？

大脑。大脑由两个脑半球组成。当两个脑半球一起工作时，它们各自控制相对一侧的身体。比如，左脑控制右脚的行走。

什么是垂体？

这种腺体通过一根茎状的组织与大脑的下部相连。它的大小和一颗豌豆差不多。垂体可以分泌多种维持人体正常运作所必需的激素。

一个成年人的大脑有多重？

大脑是人体最“胖”的器官，重量能达到 1.4 千克。但是要注意哦，大脑的重量大小和智力高低没有任何关系。比如，爱因斯坦的大脑仅有 1.2 千克！

大脑皮层是什么？

大脑皮层位于颅骨下面，是大脑最靠外的一层，它覆盖了大脑的两个半球。而这里正是语言、记忆和意识被储存的地方。

脑干在哪里？

脑干位于大脑和脊髓之间，它是神经和大脑之间的桥梁，也有一些神经是从脑干发出的。脑干能够控制有意识的动作，也能控制无意识的动作，比如呼吸。

什么是神经？

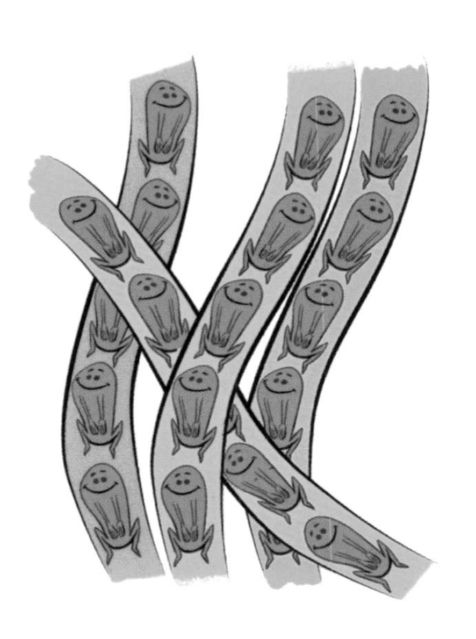

神经就好像一根根小小的缆绳，把全身各处和大脑连接起来。这些缆绳既可以把大脑发出的信号传到身体各处，也可以把身体各处的信息传回大脑。

神经元有什么作用？

神经元是构成神经的细胞。每个神经元都会和其他几千个神经元相连，从而实现信息的传导。信息传导的速度可以达到每小时 450 千米。

我们的身体里一共有多少细胞？

细胞是构成所有生物的基本单位。我们全身共有几十亿个细胞，且每一秒都会更新 500 万个细胞。细胞们的大小、长相、功能都各不相同。

细胞是怎么复制的？

我们的身体中每天都会有几百万的细胞死亡。不过，新的细胞会立刻代替它们。细胞在死亡前会变大，然后分裂成两个细胞，这两个新的细胞就是前一个细胞的复制品。

最大的细胞是什么？

我们的身体中共有 100 多种不同的细胞，而它们中体积最大的是卵细胞。这是一种由女性卵巢制造的生殖细胞。卵细胞几乎用肉眼就能看见。

什么是气管？

当我们吸气的时候，空气会从嘴巴或者鼻子进入我们的身体，顺着分叉的两根气管进入肺部。当我们呼气的时候，呼出的气体也会从这个通道排出体外。

胸廓有什么样的保护作用？

胸廓由 12 块胸椎骨组成，也就是 12 对胸骨和肋骨。胸廓能够保护气管、肺、心脏、食管以及其他脏器。它与肩胛骨和锁骨相连。

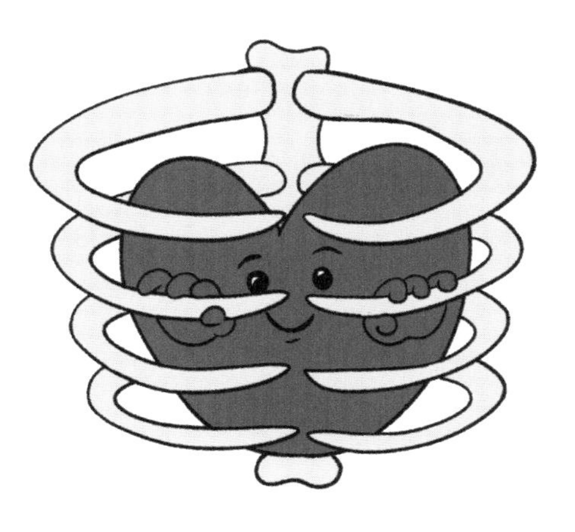

肺有什么用？

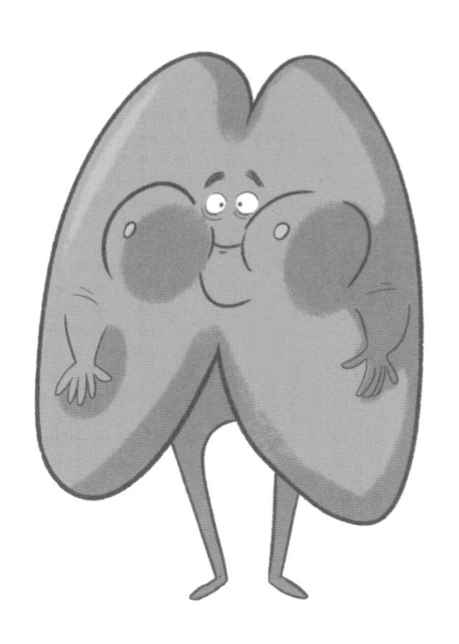

每次呼吸，我们平均会吸入和吐出半升的空气。肺可以从空气中提取氧气并将其输入血液，然后再由血液把氧气运送到全身各处。

300万个肺泡位于哪里？

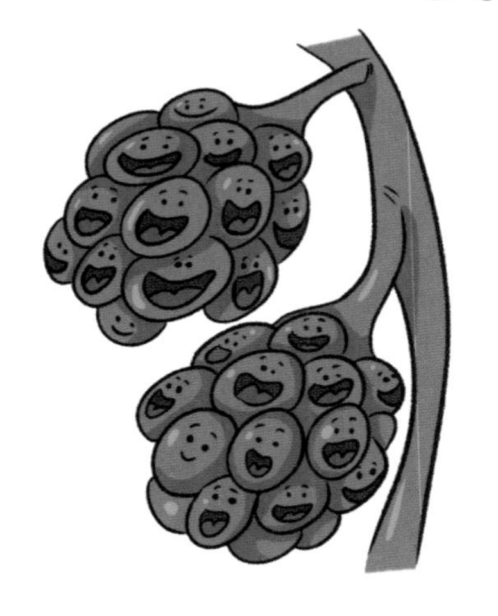

当然位于肺部！空气在经过气管后会进入几百万个肺泡当中。在那里，肺泡周围血管中的血液吸收空气中的氧气然后运送到身体各处。

呼气有什么用？

当我们呼气的时候，肋骨收紧，横膈膜上升，二氧化碳气体就会从肺部排出，经过气管，然后从嘴或者鼻子送出。

为什么人的左右肺大小不一样？

右肺有 3 个肺叶，而左肺只有两个肺叶。之所以左肺少了一个肺叶，是因为要给位于左侧的心脏留出位置。

什么是横膈膜？

单靠肺本身无法完成呼吸工作。肺部的收缩和舒张需要依靠横膈膜和肋骨的配合才能完成。横膈膜是肺部下方的一块有力的肌肉。肋骨则负责为呼吸动作提供力量。当我们吸气的时候，横膈膜下降，肋骨分开，然后空气进入肺部；吐气的时候恰好相反。

唾液有什么用？

唾液非常有用，因为其中含有一种酶。当我们的牙齿磨碎食物时，这种酶就可以对食物进行最初的消化。据估计，一个人一生要产生 36 000 升唾液，能填满 180 个容量约为 200 升的浴缸。

什么是食道？

食道是输送食物的管道。成年人的食道长约 25 厘米，食物从嘴巴进入,经由食道到达胃部。我们吃饭的时候多亏了一个可以自动开合的阀门，食物才不会从气管进入肺部而造成窒息。

胃是什么？

食道下端连接着胃。胃就像一个口袋，其内壁由肌肉组成。它可以根据吃下去的食物量变大或缩小。食物会在胃里被酸性的胃液分解成糊状。

小肠有什么用？

食物在胃部停留 3 个小时以后会进入小肠继续被消化。随后，对身体有用的物质会通过小肠壁进入血液。

小肠有多长？

虽然小肠的直径只有 2.5 厘米，但是它是消化系统中最长的器官。一个成年人的小肠大约长 6 米！小肠连接着大肠。

大肠有什么用？

没有被小肠吸收的水和食物会进入长 1.5 米的大肠，也叫作结肠。这些食物会在大肠停留 20 多个小时，随后来到大肠的尽头——肛门,最后由肛门排出，这就是粪便!

肝脏是什么？

肝脏位于横膈膜的右下方，它是人体最大的内脏，也是最坚固的内脏。肝脏非常重要，因为它能够净化血液。每分钟就有 1.5 升的血液进入肝脏。

肾脏有什么作用?

肾脏负责过滤血液。肾脏的工作量很大,每天要过滤180升液体。这些液体几乎都要被血液重新吸收,而其中有2升液体会进入膀胱并被排出,这就是尿液!

胰腺是什么?

胰腺是一种消化腺,位于胃的后面。它参与消化过程,并且可以分泌胰岛素,这种激素能够降低饭后血液中糖的含量。

牙釉质在哪里？

牙釉质在我们的牙齿上！牙釉质是人体最硬的物质。它就像一层牙套，包裹着牙齿。牙釉质中不具有神经和血管，因此没有感觉，它能保护牙齿免受碰撞、冷热还有微生物的危害。

牙齿有什么作用？

牙齿的作用是咀嚼食物。不同的牙齿，功能也有所不同。门牙负责切割食物，尖牙负责撕裂食物，前磨牙和后磨牙负责磨碎食物。

什么是智齿?

智齿是第 3 颗磨牙，它出现得比较晚，一般在人们 16 ~ 25 岁之间才长出来。有的人上牙床有两颗智齿，下牙床也有两颗智齿。不过这并不绝对，有些人不会长这么多智齿，有些人甚至一颗智齿也没有！

什么是颌骨?

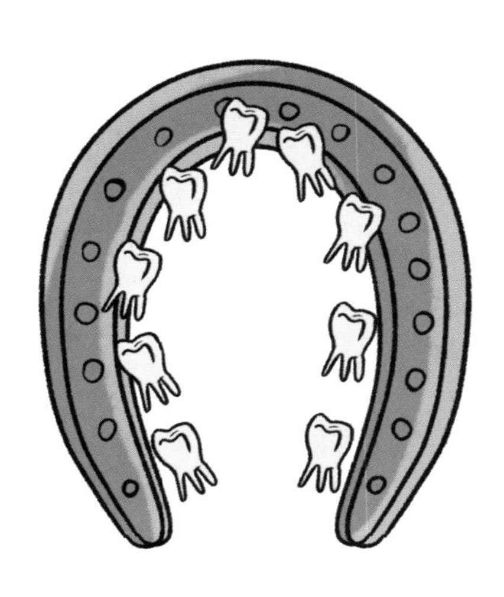

颌骨形似一块马蹄铁，它是我们下颌的组成部分。颌骨是整个头颅上唯一一块可以活动的骨头，它通过肌肉和肌腱连接在头骨上。

身体的运作

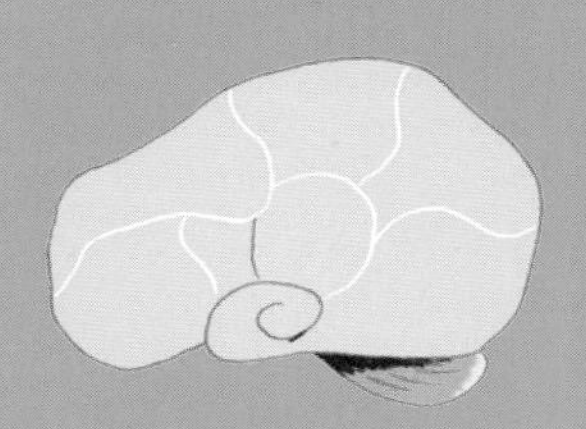

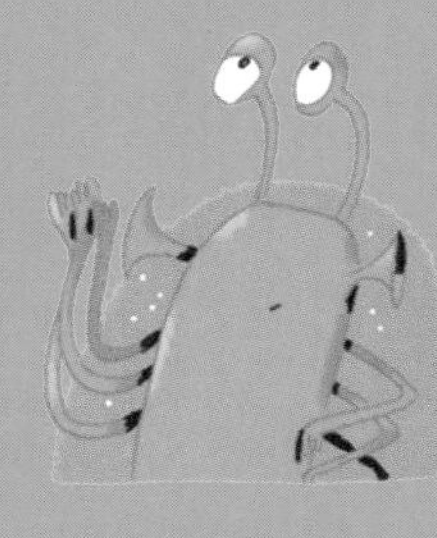

哪个器官最复杂？

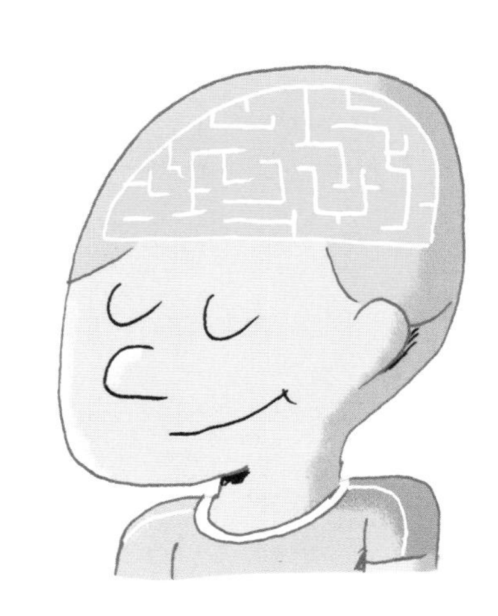

人体最复杂的器官是大脑，我们神奇的身体全凭它指挥。多亏了它，我们的心脏才能跳动，我们才能呼吸、说话、吃东西、睡觉、移动、理解事物，以及做其他许多事情！

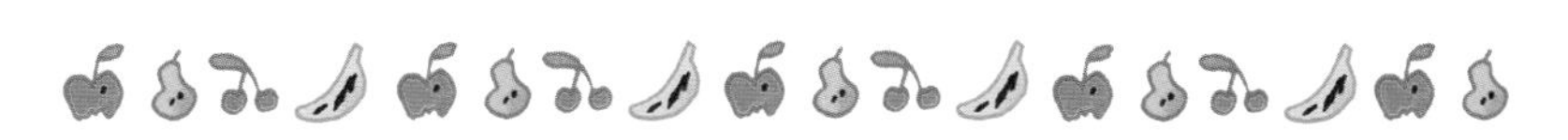

小脑有什么作用？

小脑位于大脑的底层位置，它发挥着非常重要的作用，因为它能协调躯体最复杂的动作。没有它，我们就无法游泳、打球或者写字。它还能使我们的身体保持平衡。

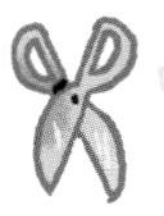

大脑是怎么分工的？

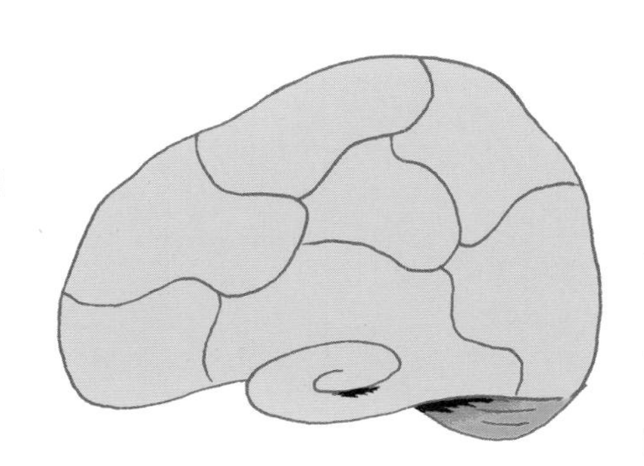

这个复杂的器官有点儿像一个配有多个专门车间的工厂。有一个区域控制人体自主运动，其他区域则负责感觉、视觉、听觉、嗅觉和语言。

海马体在哪里？

海马体在大脑中！海马体对于记忆，尤其是长期记忆发挥着非常重要的作用。也就是说，海马体中储存了我们从小时候起的所有记忆。

我们生命中1/3的时间都花在哪里了？

在床上！成年人每天大约要睡8个小时，也就是一天时间的1/3。不同年龄的人对睡眠时间的需求是不一样的。一个新生儿每天要睡16～19个小时！

梦游者会做些什么？

有些人会在睡着的状态下，睁大眼睛行走或说话。这种情况多发生于其精神紧张的时候。醒来以后，梦游者会对梦游时发生的一切毫无印象。

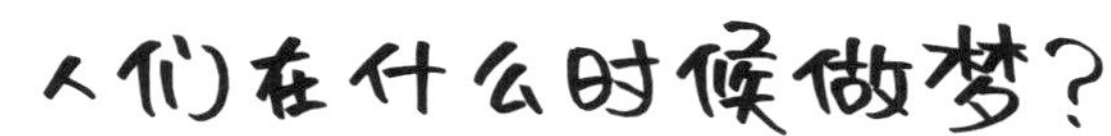

人们在什么时候做梦？

人们每晚的睡眠一般分为 4 个或 5 个周期。每个周期都会经历 3 个阶段：浅睡眠、深度睡眠和快速眼动睡眠。做梦发生在快速眼动睡眠阶段。

为什么睡觉时需要保暖？

一旦入睡，我们的身体虽然保持活跃，但会进入“慢速模式”：心跳速度变慢，体温也会下降。这就是我们睡觉时要在被子里保暖的原因。

肌肉有什么作用？

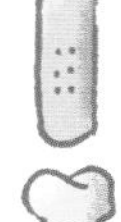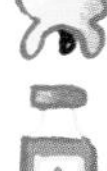

没有它们，我们的肢体就做不出任何动作！肌肉通过肌腱附着在骨骼上，让我们能行走、跳跃、说话、画画、动眼睛和挠鼻子。

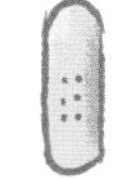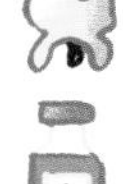

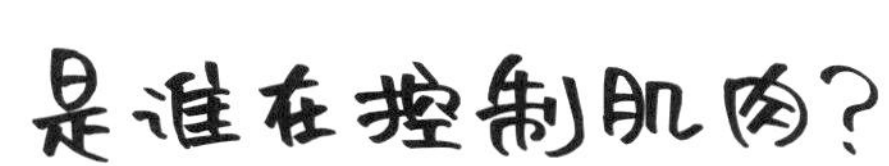

是谁在控制肌肉？

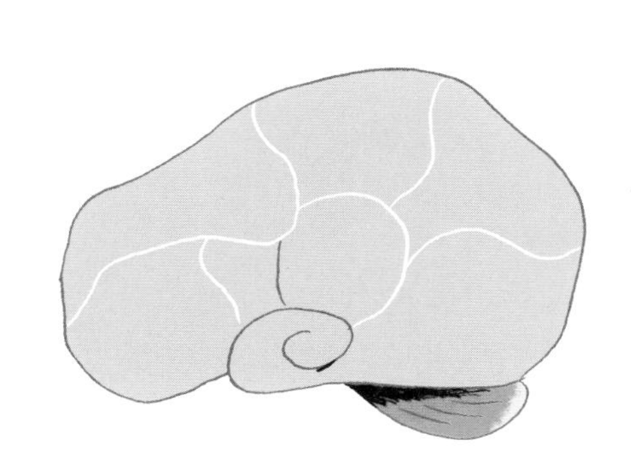

是我们的大脑在控制肌肉。它发出信号，由神经系统传导到身体各部分，以此来控制肌肉的运动。收到信号的肌肉会通过收缩来拉动肌腱，肌腱再拉动骨头，身体就能活动了。

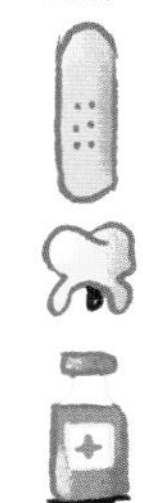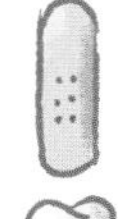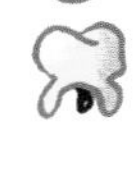

人体有多少块肌肉？

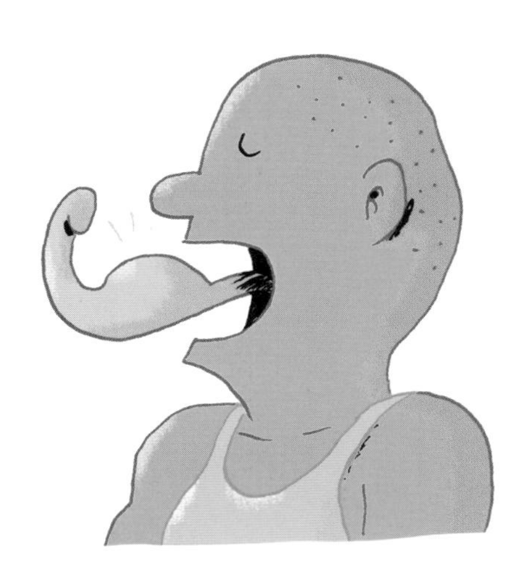

我们有600多块肌肉，其形状大小各异。有些肌肉很大，比如小腿和大腿上的肌肉；而有些则小得多，比如舌头和眼睑上的肌肉。

最小的肌肉是什么？

最小的肌肉是镫骨肌，位于耳朵中，长度约为1毫米。最大的肌肉是臀大肌，它连接着腿和躯干，使我们可以跑步。收缩速度最快的是控制眼睑的肌肉，每秒可收缩5次！

什么是无意识肌肉？

一些肌肉在没有得到命令的情况下可以自主活动。例如心脏跳动、呼吸或消化活动，参与其中的肌肉不用我们去思考就能完成自己的工作。

肌肉的能量来自哪里？

我们的肌肉需要大量的能量才能发挥作用。能量来自我们所吃的食物。食物被消化后，会转化为细小的微粒，通过血液流动，为我们的肌肉细胞提供必需的能量。

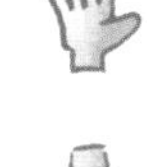

什么是肌腱？

肌腱是一种有弹性的“绳索”，它可以连接肌肉和骨骼。没有它们，人体就无法完成任何动作。

什么是关节？

关节是两块骨头的连接点：两块骨头在此连接并且可以互相滑动。更准确地说，骨骼通过韧带相互连接，这里会分泌一种称为“滑液”的油性液体，使关节处能自由活动且不被卡住。

什么是肱二头肌？

它是手臂上的一块肌肉，通过弯曲肘部可将其拉起。一位绰号为真人版“大力水手”的健美运动员拥有世界上最大的二头肌，它的周长达到了79 厘米，比足球还大！

心脏是肌肉吗？

是的！但与其他肌肉不同的是，心脏从不停止工作，它每天要跳动 10 万次以上，使血液在全身循环。如果它停止不动，人将在几分钟之内死去。

头发是如何生长的？

我们的头皮上有很多被称为毛囊的孔。我们 10 万多根头发的根部就长在这些孔里。头发的寿命为 2 ～ 3 年，脱落后会长出新头发。

为什么头发会有直有卷？

头发的形状取决于我们毛囊的形状。圆形毛囊长出直发，椭圆形毛囊长出波浪形头发，扁平毛囊则长出卷发。

为什么头发会有不同的颜色？

我们头发的颜色取决于黑色素，这种物质也会影响皮肤的颜色。你知道吗？红发人群的发量更少，只有约 9 万根，而金发人群的头发则有 11 万根左右，棕色头发人群的发量为 14 万根左右。

头发长得有多快？

我们的头发每个月大约长 1 厘米，每天会有 50 ~ 100 根的头发脱落。秋天，掉头发的速度会加快，而春天则会加快生长的速度。我们的头发一生中会自动更新 20 ~ 25 次。

指甲长在我们的手指和脚趾尖端，是由一种名为“角蛋白”的物质构成。我们的头发中也含有这种物质。指甲不断地生长，但速度缓慢：每月只能生长2～3毫米。

我们整个皮肤表面都有毛孔。正是通过这些细小的孔，汗水和皮脂才得以排出体外。皮脂是一种油性物质，它能够阻止水分穿过皮肤。

我们为什么会出汗？

天气炎热时，位于真皮中的腺体会通过皮肤上的毛孔释放水分，并通过蒸发作用降低体表的温度，从而保持体温不变。

什么是鸡皮疙瘩？

当天气寒冷时，我们会起“鸡皮疙瘩”，这是因为寒冷的空气会让汗毛立起来，它们根部连着的非常细小的肌肉就会凸显出来。当汗毛立起来时，就能帮我们锁住一层热气，从而保持我们的体温。

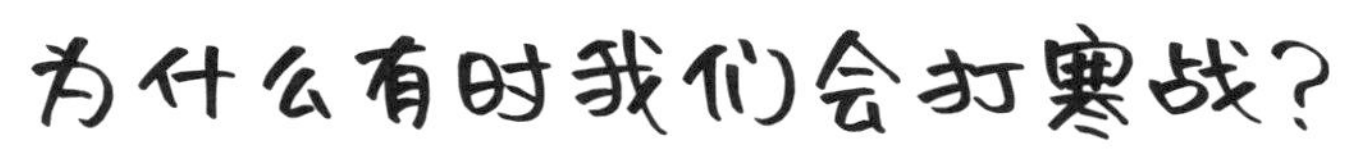

为什么有时我们会打寒战？

天气寒冷时，大脑需要使身体升温从而保持体温。这时，它会发出指令让身体颤抖，使皮下的肌肉开始工作，这样能产生更多的热量。

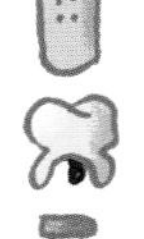

正常体温是多少？

我们的正常体温在 37°C左右。大脑中有一个名为下丘脑的小腺体，是人体重要的恒温器。无论外界温度如何变化，我们的身体都必须始终保持恒定的温度才能维持正常的生命活动。

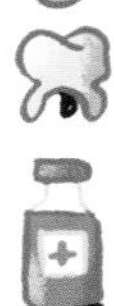

声音是如何产生的？

在我们的喉咙深处，有两个对称的声带。当我们说话时，空气穿过声带，使其振动并发出声音。

为什么有些小孩说话时口齿不清？

这是因为他们在发某些字的音时错误地将舌头放在了上颚处。有时候，这个问题会在他们的成长中自行消失；但有时候就需要接受语音矫正才能解决。

我们为什么会打嗝？

这是因为横隔膜在做运动。横隔膜位于肺部下方，是一块非常有力的肌肉。有时候它会间歇性地剧烈收缩，使气体迅速地排出，这就是打嗝。

鼻涕有用吗？

我们的鼻腔里充满了黏液，也就是鼻涕。它的作用可不小，它可以使我们吸入的空气变得温暖而湿润，还可以过滤灰尘。黏液与灰尘堆积起来，就形成鼻屎啦！

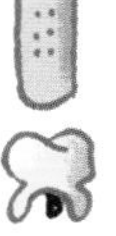

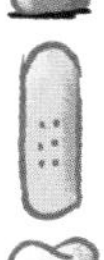

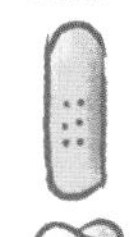

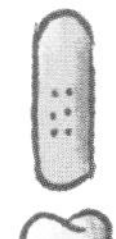

什么是瞳孔？

瞳孔是位于眼睛中心的小黑洞，正是因为有瞳孔的存在，光线才能够进入眼睛。随后，光线穿过晶状体，晶状体再将其投射到视网膜，最后在视网膜上形成颠倒的图像。

什么是视网膜？

视网膜是眼睛的一部分，它就像一块屏幕，上面能映出颠倒的图像。视网膜上排列着数百万个视神经末梢。它们将信号发送到大脑，大脑再在正确的位置重建图像。

为什么有两只眼睛会更好？

首先，两只眼睛可以扩大视野范围。此外，两只眼睛看物体的角度不同，所以双眼看到的是立体的图像。这样，我们就可以通过眼睛估算距离。

什么是晶状体？

晶状体是眼睛里凸起的一部分，就像一个智能放大镜。事实上，它能不断地通过变凸或变平使我们看清楚图像。

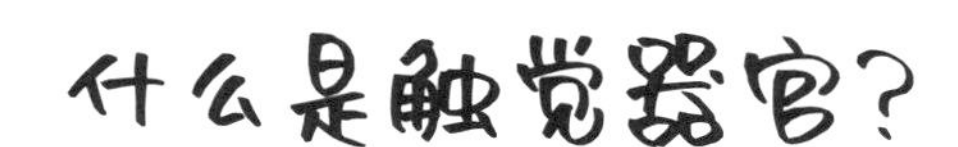

什么是触觉器官？

感到热？感到刺痛？正是触觉器官皮肤让我们知道自己摸到了什么。这是因为全身的皮肤中布满了神经末梢。它们与大脑相连，大脑可以解读它们所传送的信号，并立即做出反应。

身体哪些部位更敏感？

我们身体上所有部位的敏感程度并不一样。指尖就特别敏感，因为指尖上每平方厘米有2 000 多个感觉受体！

耳膜有什么作用?

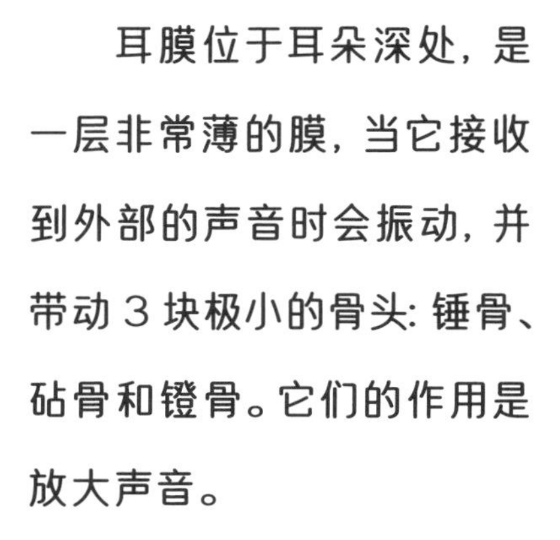

耳膜位于耳朵深处，是一层非常薄的膜，当它接收到外部的声音时会振动，并带动 3 块极小的骨头：锤骨、砧骨和镫骨。它们的作用是放大声音。

我们的耳蜗在哪里?

耳蜗位于耳朵中，它是一种充满液体的管状结构。耳蜗里，鼓膜传递的振动被转化为电信号后发送至大脑，大脑再将其转化为声音。

为什么我们有两只耳朵？

我们两只耳朵听到声音的速度是不一样的。这种微小的速度差足以让大脑识别出声音的来源。

我们如何保持平衡？

耳蜗内含有一种液体，会随着我们的运动而流动，并把人体的平衡状态传给大脑。如果我们像一只陀螺一样不停地旋转，耳蜗受到刺激后就会将信息传给大脑，我们就会头晕目眩！

我们能听到所有声音吗？

不能。我们无法感知超声波和次声波。超声波是一种非常尖锐的声音，但猫和狗却能听得非常清楚！同样，4 米以外的微小声音人类通常无法听到，但小狗在距离 25 米以外的地方都能听得到！

耳朵脏吗？

一点也不脏！恰恰相反，我们耳朵中的这种黄色耳垢非常有用，它能拦截异物，阻止它们钻进耳朵损伤耳膜。

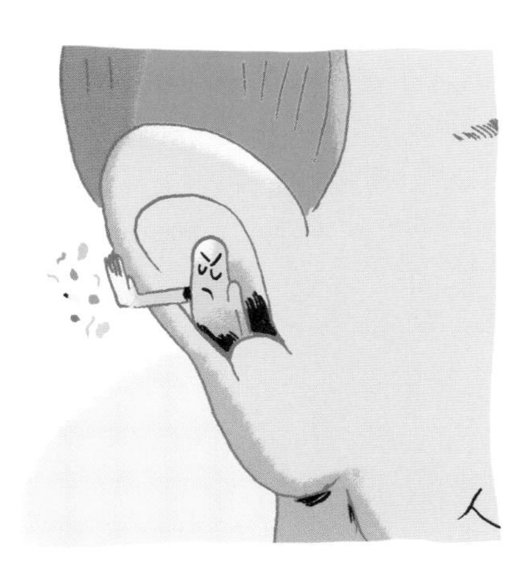

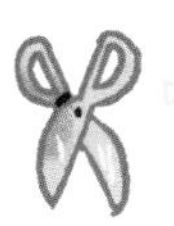

味蕾有什么作用？

味蕾就像是覆盖在舌头表面的一层小水泡，有了它们，我们就能尝出酸、甜、苦、辣等各种味道。此外，它们对食物的温度和浓度也十分敏感。

所有的味蕾都一样吗？

并不是。根据所在位置的不同，它们识别的味道也不同。比如，舌头根部的味蕾能识别苦味；舌侧的味蕾能识别咸味和酸味；而舌尖的味蕾能识别甜味。

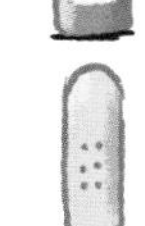
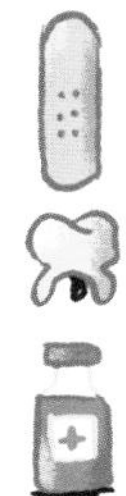
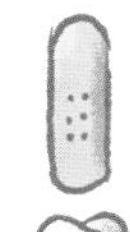

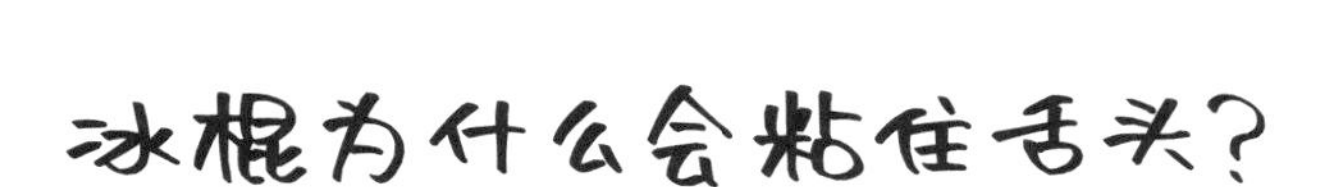

由于我们的唾液是温热的，冰棍接触到舌头就会融化，但又会立即冻结。注意！千万不要猛地一下把冰棍从舌头上扯下来，这样不仅会很痛，舌头还会受伤哦！最好慢慢来。

我们吃东西时，嗅觉有什么作用?

嗅觉会影响味觉。在品尝菜肴的过程中，味蕾先完成一小部分工作，而余下90%的工作都由嗅觉完成。在我们咀嚼食物时，释放的香气会传到鼻子里，这样嗅觉感受器就可以将这些信息再传送给大脑。

什么是情绪？

自出生第一天起，我们就拥有6种条件反射似的基本情绪：高兴、厌恶、恐惧、悲伤、愤怒、惊讶。因此，当看到一头拦路猛虎时，我们无须思考就能立刻感到恐惧。

为什么我们会哭？

泪腺位于眼睛上，它们会不断产生液体来滋润我们的眼睛。如果人们感到很悲伤，这些泪腺就会产出更多的液体，液体流出眼睛则形成了眼泪。

为什么受到惊吓脸色会变得苍白?

在受到惊吓时，血液涌向下肢肌肉，以便我们撒开腿狂奔。与此同时，呼吸速度也会加快，以便为肌肉提供更多氧气。这样一来，脸上的血液似乎就有些不够用了，所以看起来会变得苍白。

为什么有时候会脸红?

什么时候会脸红？惊吓？紧张？心动？的确，受情绪影响，心脏会跳得更厉害，血液循环也会加速，尤其是在靠近皮肤表面的面部血管中。

出生和成长

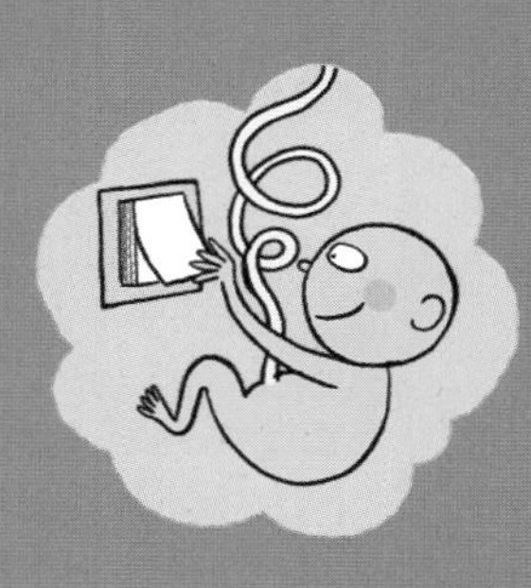

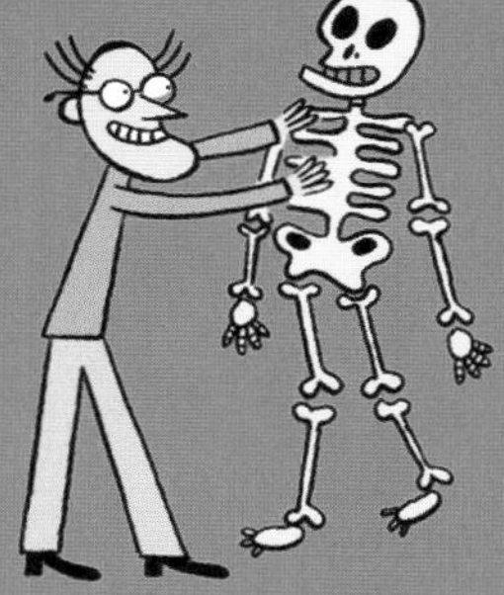

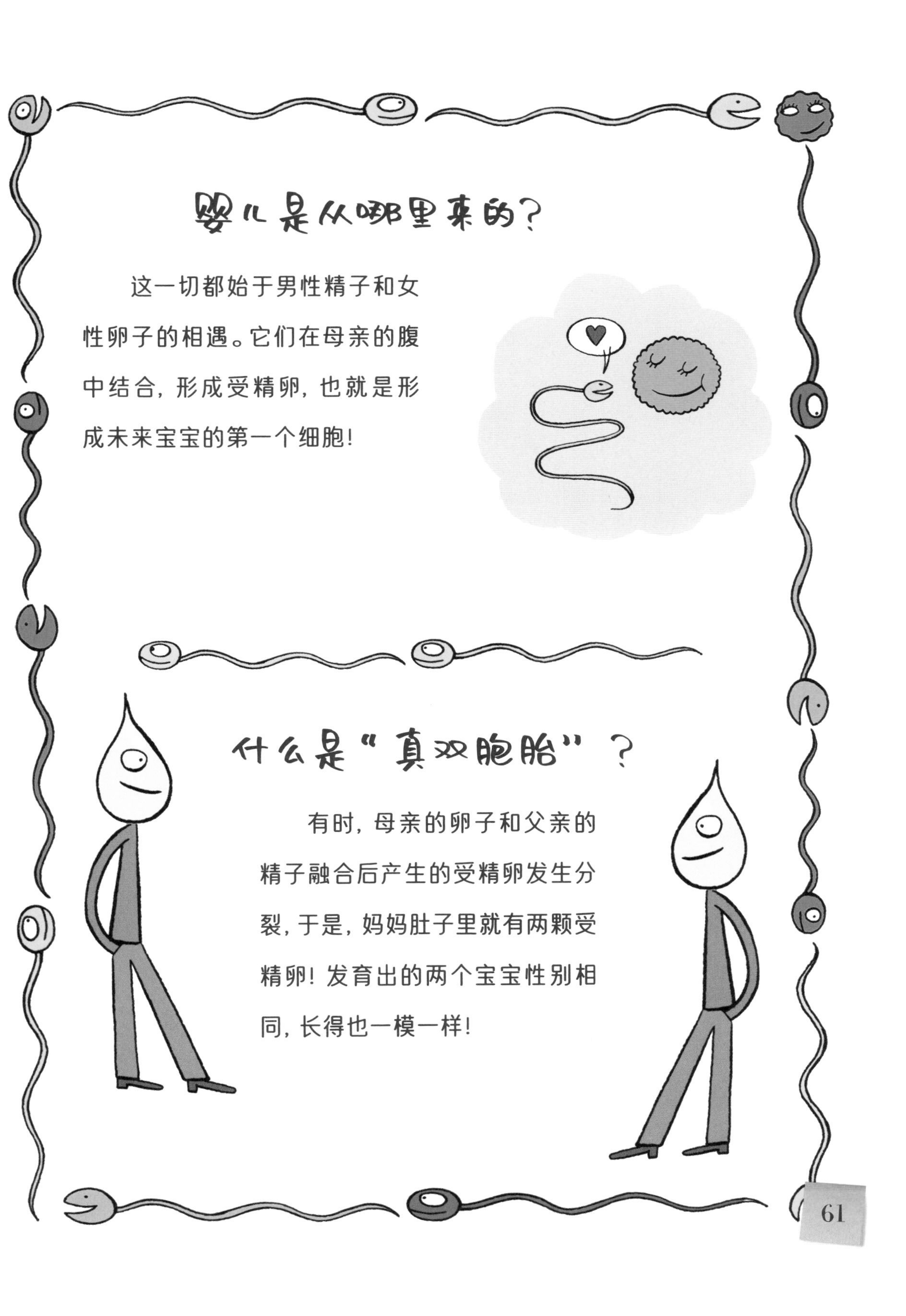

婴儿是从哪里来的？

这一切都始于男性精子和女性卵子的相遇。它们在母亲的腹中结合，形成受精卵，也就是形成未来宝宝的第一个细胞！

什么是“真双胞胎”？

有时，母亲的卵子和父亲的精子融合后产生的受精卵发生分裂，于是，妈妈肚子里就有两颗受精卵！发育出的两个宝宝性别相同，长得也一模一样！

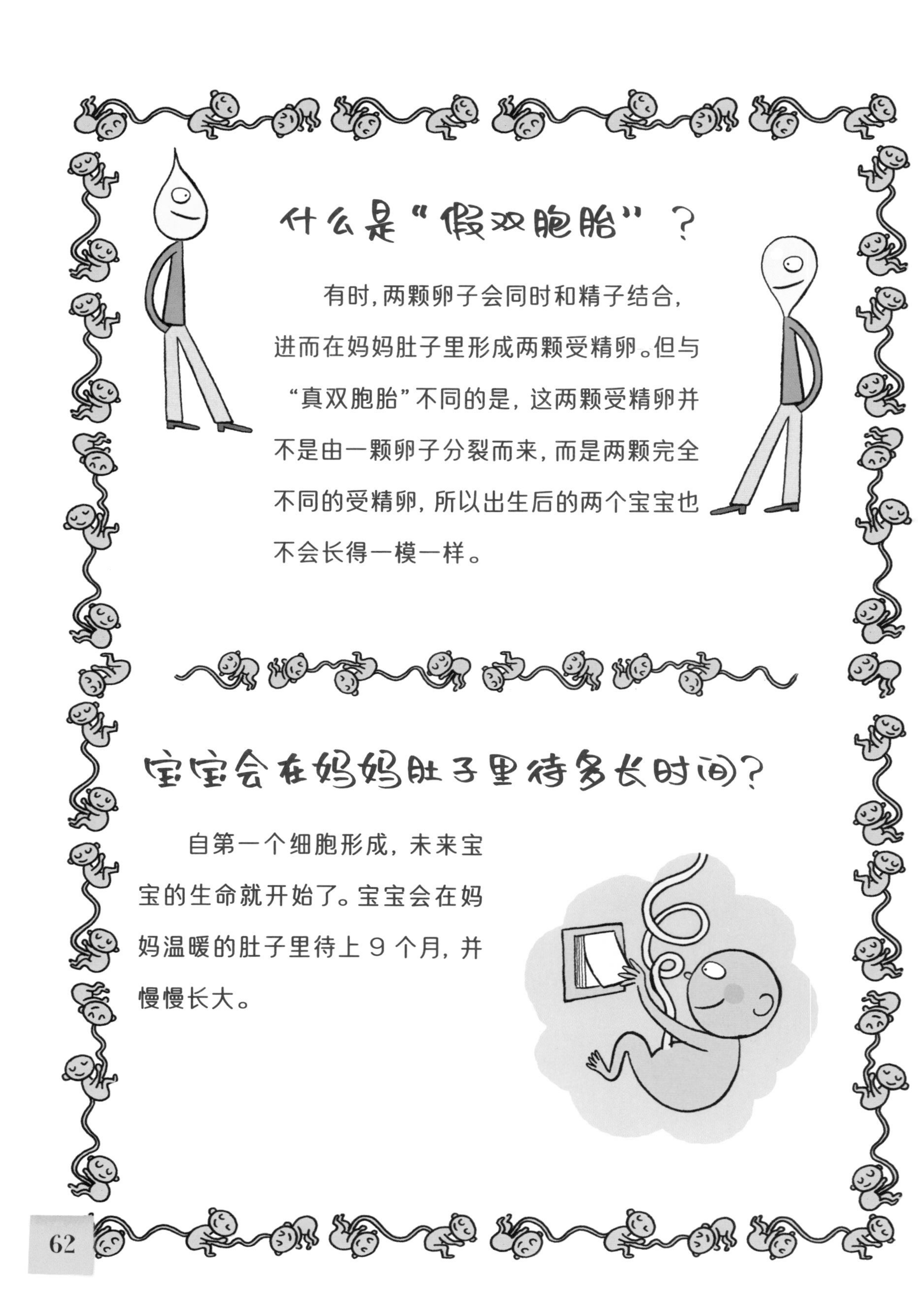

什么是“假双胞胎”？

有时，两颗卵子会同时和精子结合，进而在妈妈肚子里形成两颗受精卵。但与“真双胞胎”不同的是，这两颗受精卵并不是由一颗卵子分裂而来，而是两颗完全不同的受精卵，所以出生后的两个宝宝也不会长得一模一样。

宝宝会在妈妈肚子里待多长时间？

自第一个细胞形成，未来宝宝的生命就开始了。宝宝会在妈妈温暖的肚子里待上 9 个月，并慢慢长大。

什么是胚胎？

在妈妈怀孕的前两个月里，未来的宝宝被叫作“胚胎”。两个月的时候,它仅有核桃那么大，但已经有耳朵了，手指和脚趾也长出来了!

什么是胎儿？

从在妈妈肚子里的第3个月开始，胚胎就成长为了“胎儿”。尽管只有8厘米长，但胎儿已经是一个微型宝宝了，他能做出一些动作，也能吞咽。

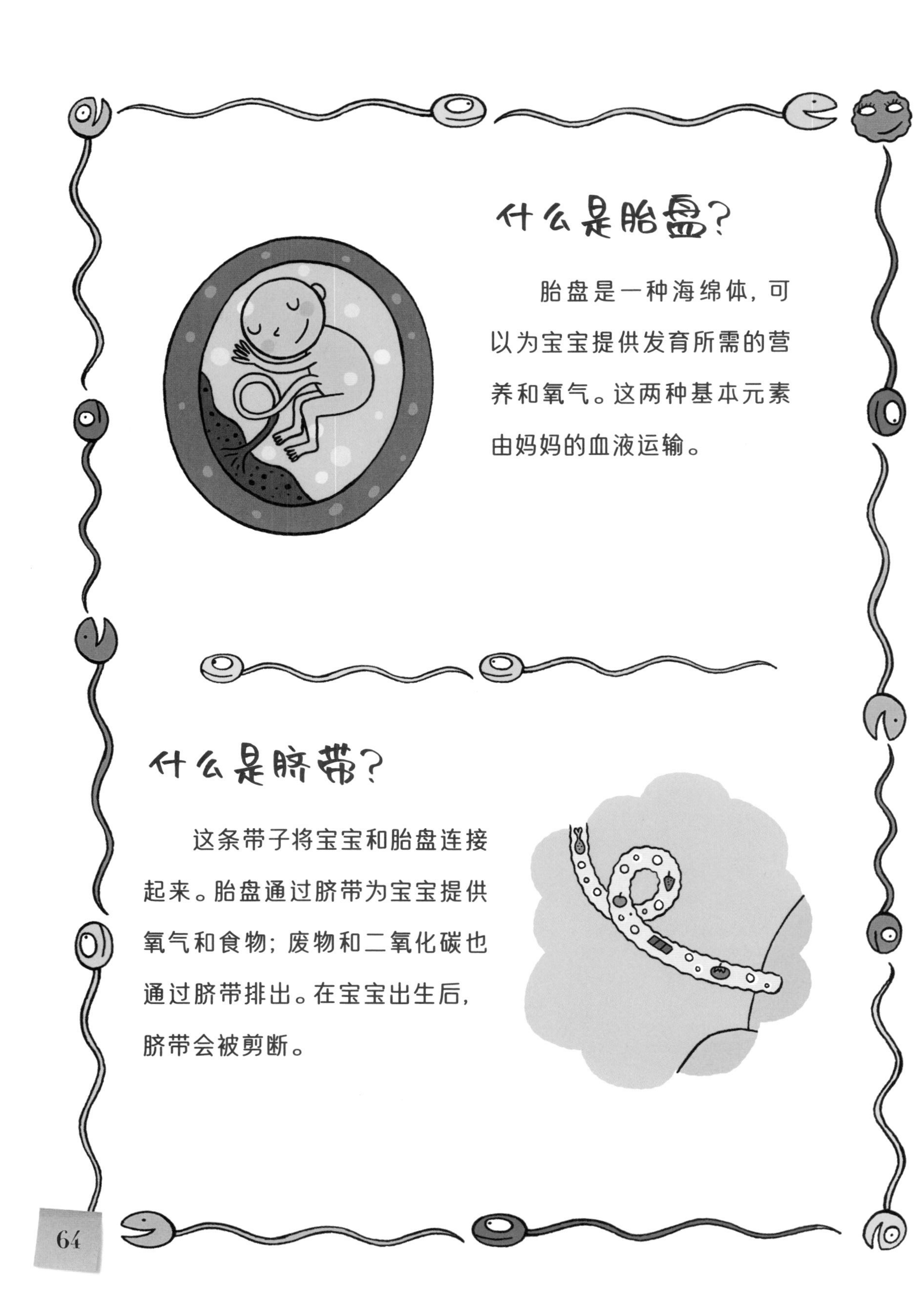

什么是胎盘？

胎盘是一种海绵体，可以为宝宝提供发育所需的营养和氧气。这两种基本元素由妈妈的血液运输。

什么是脐带？

这条带子将宝宝和胎盘连接起来。胎盘通过脐带为宝宝提供氧气和食物；废物和二氧化碳也通过脐带排出。在宝宝出生后，脐带会被剪断。

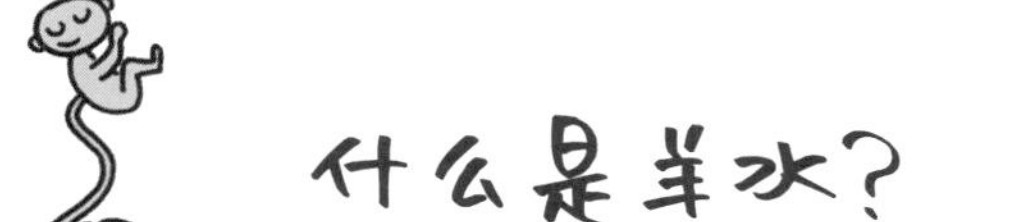

什么是羊水？

在妈妈肚子里生活的9个月里，宝宝处在一个完全封闭并充满羊水的“小房子”中。这里很温暖，也很安全，能保护宝宝免受撞击，以及外界细菌或病毒的侵害。

什么是超声波？

通过这种技术，医生可以看到小宝宝在妈妈肚子里的样子，从而监测他的生长情况。

6 个月大的胎儿在做什么？

6 个月的时候，胎儿的体重能达到 1 千克，这时候胎儿会感到生活空间有些狭窄，所以不得不缩成一团。他会吮吸拇指、小便，并且能感知外界的声音，即便这些声音已经被羊水减弱。

8 个月大的胎儿在做什么？

这时候，胎儿已经快把妈妈的肚子占满了，所以他们不能再在里面翻跟头，并且胎儿基本上已经发育完全，只要再长大一点儿，他们就会旋转身体，头朝下准备离开妈妈的身体。

这个小洞承载了宝宝在妈妈肚子中度过 9 个月的回忆。事实上，肚脐是宝宝出生时，脐带被剪断后留下的疤痕。

通常，宝宝要在妈妈肚子里度过 40 周。但有些宝宝会在 37 周前出生，我们将其称为“早产儿”。由于没有发育完全，这些宝宝仍然很脆弱，于是医生将他们放入保温箱中。这是一种可以加热的箱子，宝宝会在里面受到悉心的照顾。

妈妈是如何知道自己要生产的？

妈妈的肚子会感受到阵阵痉挛，这股劲儿把宝宝往外推。大多数情况下，宝宝的头先出来，随后，他的肩膀和整个身体才会出来。

什么是试管婴儿？

有些情况下，当妈妈不能成功自然怀孕时，可以进行体外受精。胚胎的发育会在实验室里进行，然后再被植入妈妈的子宫中。

妈妈的肚子里可以住两个以上的胎儿吗？

这是有可能的。有些妈妈还可能生出三胞胎、四胞胎、五胞胎，甚至更多，不过这种情况非常罕见。多胞胎的世界最高纪录是十五胞胎！

婴儿出生后做的第一件事是什么？

新生儿离开温暖的羊水，骤然感受到光和空气，于是，他大声地哭起来，因为他呼吸到了生命中第一口空气。

需要教婴儿吃奶吗？

完全不需要，他们自己就是行家。的确，刚出生的婴儿，只要把他放在妈妈的肚子上，他就会条件反射般地爬向妈妈的乳房去吃奶。

婴儿出生后会看到什么？

新生儿一开始只能看到距离他 20 厘米左右的事物，并且看到的是黑白的世界。到第 2 个月，他的视野依旧很模糊。他们还会经常闭眼，因为光会刺激他们的眼睛。

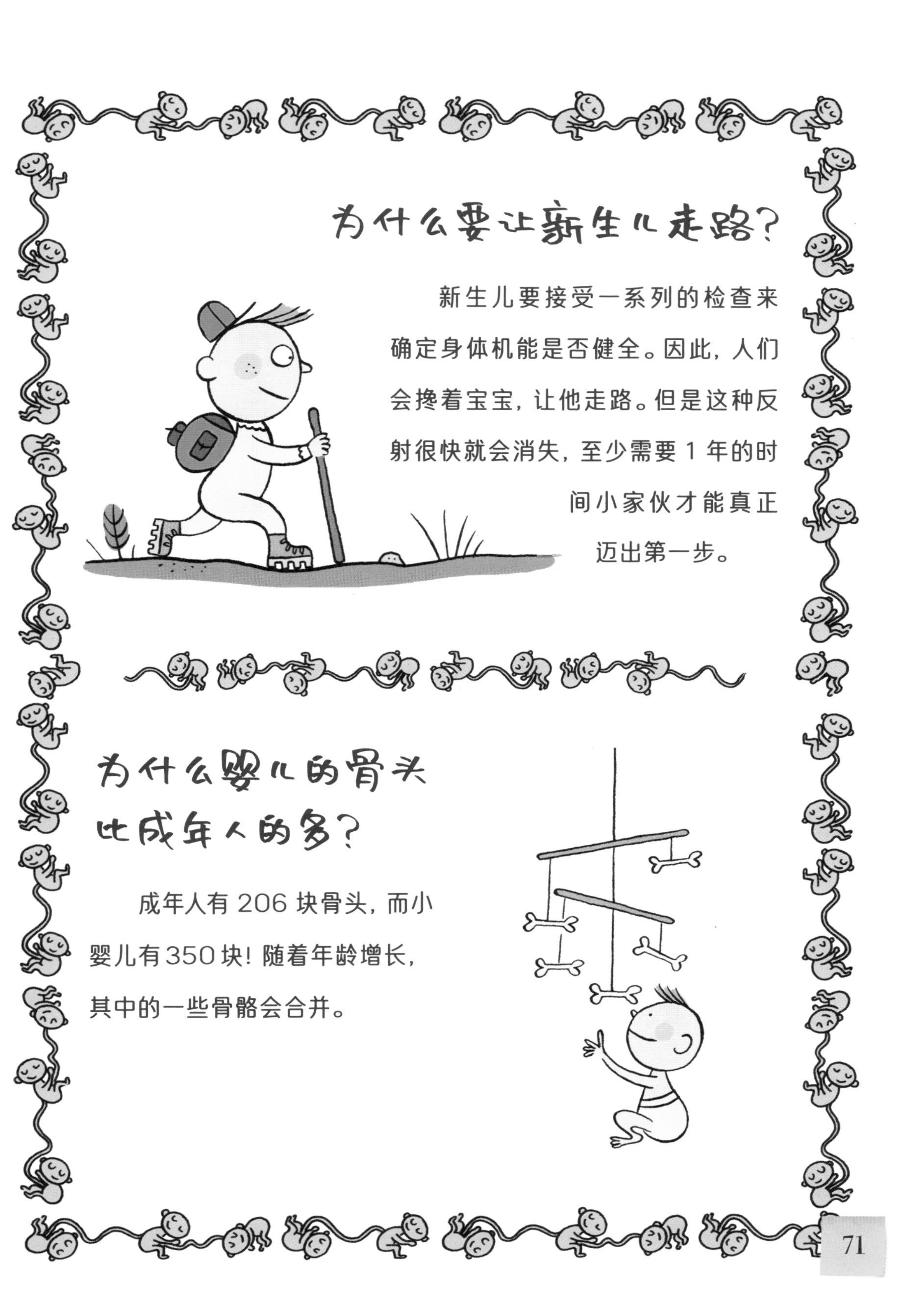

为什么要让新生儿走路？

新生儿要接受一系列的检查来确定身体机能是否健全。因此，人们会搀着宝宝，让他走路。但是这种反射很快就会消失，至少需要1年的时间小家伙才能真正迈出第一步。

为什么婴儿的骨头比成年人的多？

成年人有206块骨头，而小婴儿有350块！随着年龄增长，其中的一些骨骼会合并。

什么是囟门？

婴儿的头骨和成年人的头骨不同。事实上，婴儿有一个囟门，这是一条“缝隙”，它能使头部变形，以便宝宝从妈妈的肚子里钻出来。出生后的两年内，婴儿的囟门会一点一点地闭合。

新生儿有神经元吗？

有。新生儿的神经元比成年人更多，超过 1000 亿个。不过，神经细胞会逐渐消失，且以后不会再生，直到 20 岁左右，多余的神经元会全部消失。

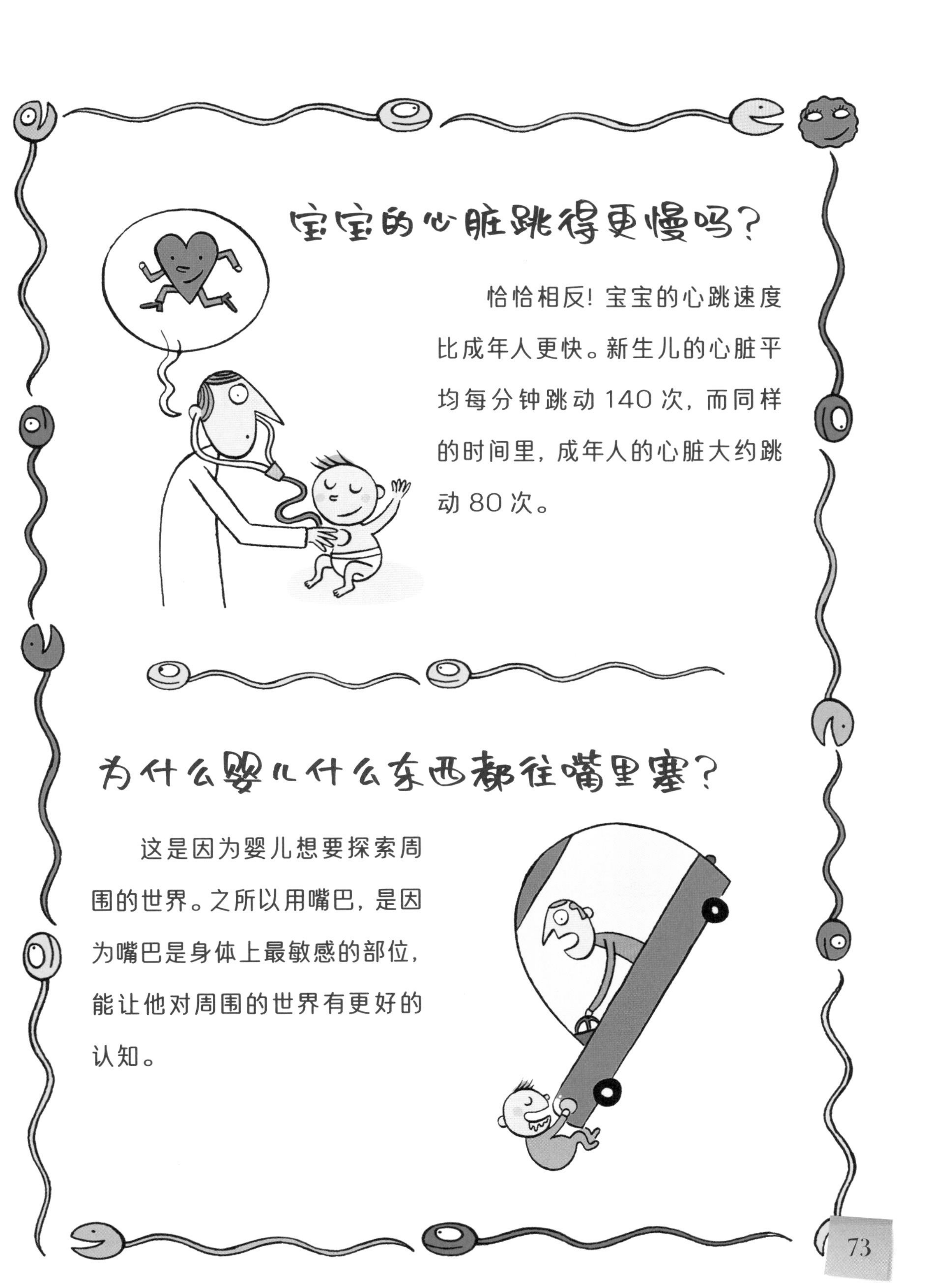

宝宝的心脏跳得更慢吗？

恰恰相反！宝宝的心跳速度比成年人更快。新生儿的心脏平均每分钟跳动 140 次，而同样的时间里，成年人的心脏大约跳动 80 次。

为什么婴儿什么东西都往嘴里塞？

这是因为婴儿想要探索周围的世界。之所以用嘴巴，是因为嘴巴是身体上最敏感的部位，能让他对周围的世界有更好的认知。

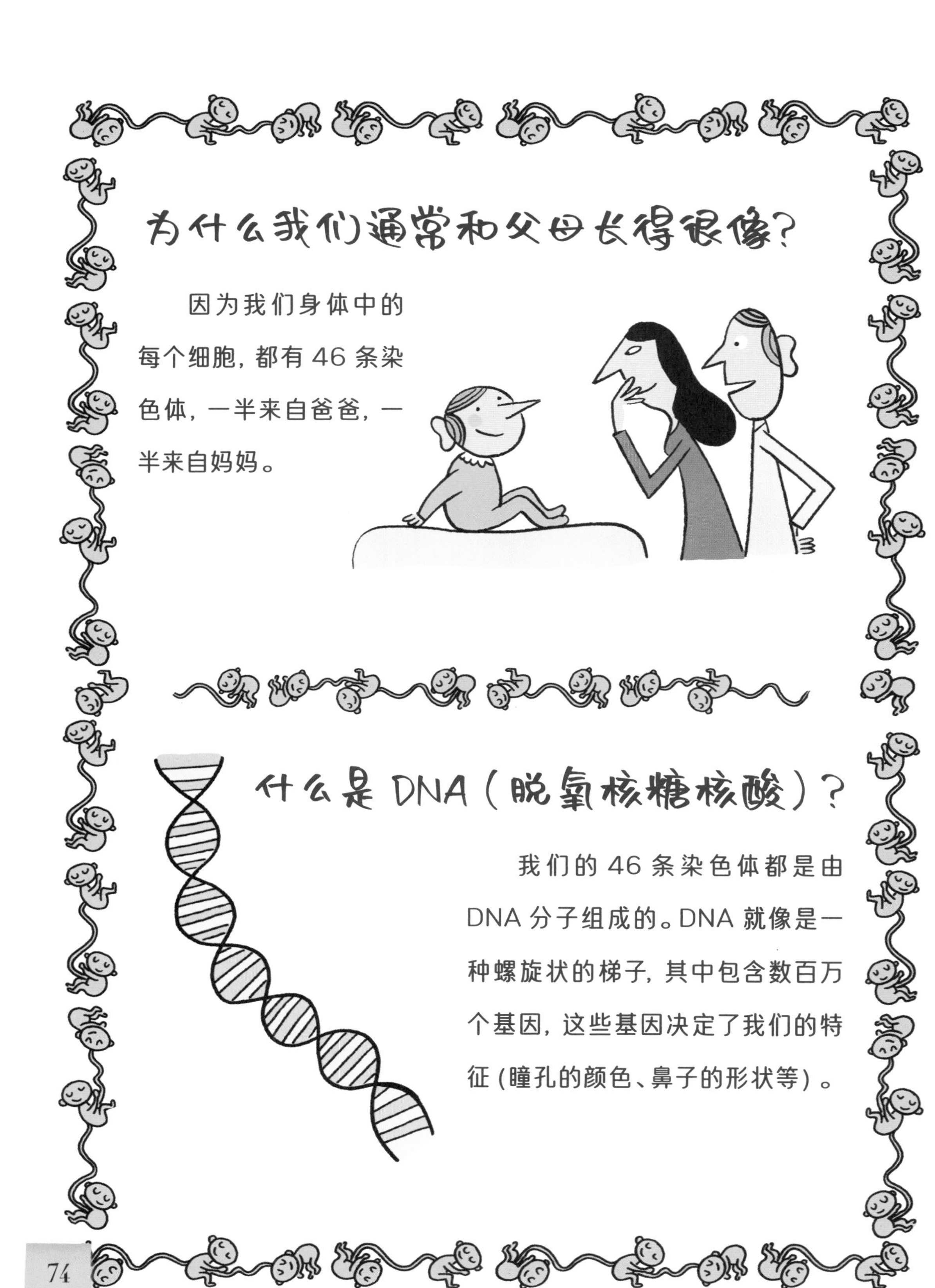

为什么我们通常和父母长得很像？

因为我们身体中的每个细胞，都有 46 条染色体，一半来自爸爸，一半来自妈妈。

什么是 DNA（脱氧核糖核酸）？

我们的 46 条染色体都是由 DNA 分子组成的。DNA 就像是一种螺旋状的梯子，其中包含数百万个基因，这些基因决定了我们的特征（瞳孔的颜色、鼻子的形状等）。

我们会不会和别人有着同样的 DNA？

不会的。DNA 就像一种基因身份证，每个人的 DNA 都是独一无二的。只有一个例外，那就是同卵双胞胎。他们是由同一个受精卵分裂而来，所以有着完全一样的基因。

为什么我们生来是男孩或者女孩？

当父亲精子中的 23 条染色体和母亲卵子中的 23 条染色体结合以后，父亲精子中的一条染色体会决定宝宝的性别。

什么是遗传病？

这是一种基因导致的疾病。遗传病是可以遗传给后代的。很多人都不知道自己是遗传病携带者，然后又把这种病传给了自己的孩子。遗传病也具有偶然性，也就是说它可能产生于基因生成的过程中。

孩子几岁的时候长得最快？

孩子们出生后的一年内成长速度是最快的。他们的体长会成长为出生时的 2 倍，体重则增加到出生时的 3 倍。随后，他们还会继续长大，当然了，速度会慢下来。

骨头是怎么生长的？

宝宝的骨骼外面有一层负责生长的软骨,它能够让骨骼变粗、变长。当这层软骨用尽了，骨骼就不再生长了。

人在几岁停止生长？

人体在 20 岁左右就会停止生长。虽然骨骼不再生长，但构成骨骼的细胞却会不断更新。据估算，一个 80 岁的人一生之中会更换 14 副骨架!

什么是乳牙？

在 6 个月到 3 岁之间，孩子会长出 20 颗乳牙。而在 6 岁到 12 岁之间，这些乳牙会全部脱落，取而代之的则是恒牙。

为什么维生素 D 对孩子很重要？

这种维生素对生长发育特别重要，它是在阳光的作用下由身体自己合成的。不过因为孩子的皮肤比较稚嫩，经不起太阳长时间的照射，所以医生会建议家长给孩子喝口服液来补充维生素 D。

因为两个脑半球总是控制其对侧的身体部分，所以操纵右脚走路的是左脑。同样的，人们发现，右撇子的左脑更发达一些，而左撇子则正好相反。

孩子几岁开始走路？

3 个月大的时候，孩子就可以抬起头了。到了 9 个月大，孩子就可以坐起来了。一般在 12 ~ 14 个月之间，孩子会走出人生第一步。不过有时候却需要耐心等待。

为什么有些孩子会尿床？

一般来说，这种烦恼会在孩子 5 岁左右消失。不过有时候孩子尿床是因为他们处于深度睡眠中，大脑没有接收到膀胱“已经满了”的信号。有些孩子会因为膀胱体积还太小而经常需要“排空”，可见睡觉也不是一件容易的事啊！

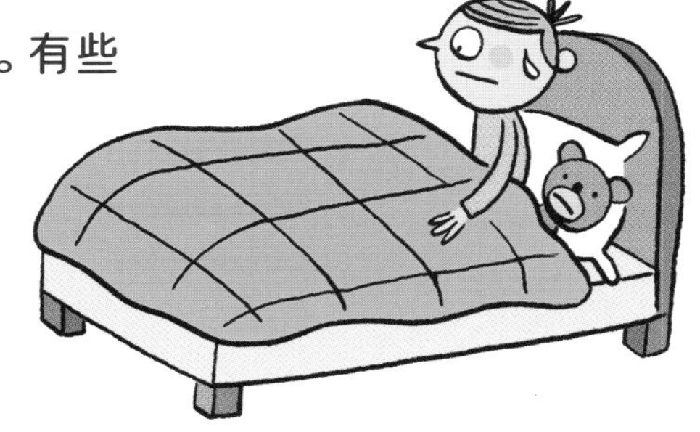

5 岁的孩子每天需要睡多长时间？

这个年纪的孩子每晚需要睡够 10 ~ 14 个小时，不过睡眠的时间会随着人年龄的增长而缩短，到了 10 岁，每晚 9 个小时的睡眠就足够了。

为什么睡眠对孩子来说很重要？

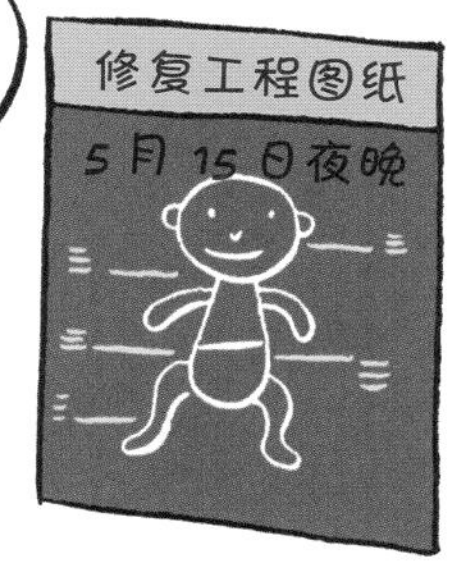

身体只有在睡眠的某些阶段才会分泌生长激素。它的作用不仅仅是促进身体生长，还能修复细胞和组织。

什么是青春期？

青春期身体会发生很大的变化。女孩的青春期会在10～16岁之间开始，这个阶段她们的胸部开始发育，汗毛开始出现。而男孩的身体开始发育的时间要更晚一些，一般在12～14岁之间。

什么是荷尔蒙？

荷尔蒙是一种由血液扩散到全身的化学信息，它对身体起到了非常重要的作用。青少年时期，男孩和女孩的身体释放出大量荷尔蒙，这对他们的身体和行为都产生了很大的影响。

喉结在哪里？

喉结是脖颈上用来保护声带和喉咙的一块软骨。每个人都有喉结，不过只有男生的喉结会从青春期开始显露出来。

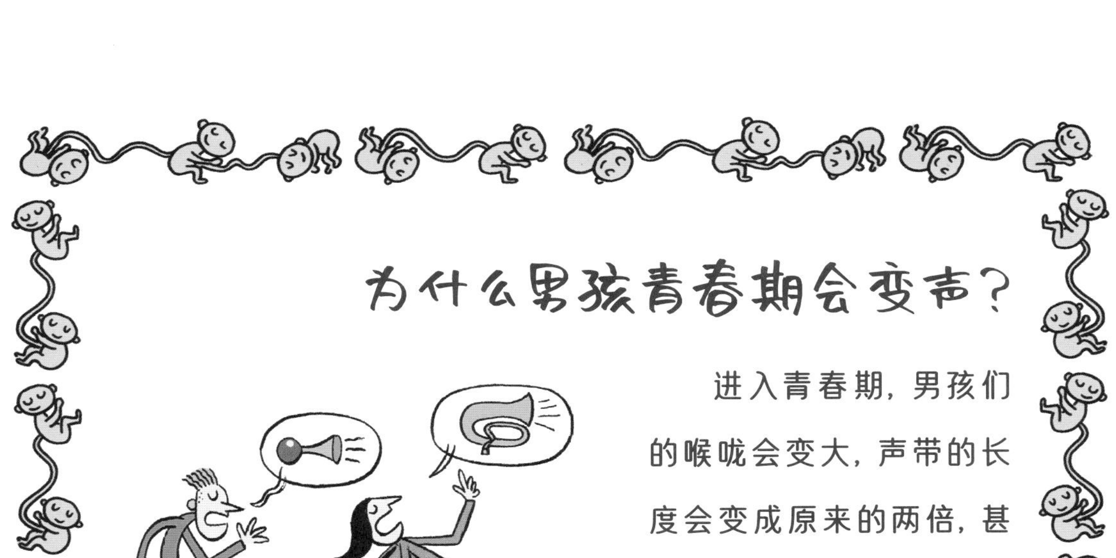

为什么男孩青春期会变声？

进入青春期，男孩们的喉咙会变大，声带的长度会变成原来的两倍，甚至口腔也会变大。因此，男孩们说话的声音变得越来越低沉。

女孩青春期也会变声吗？

会的，女孩们的喉咙、声带、口腔也会和男孩一样发生变化。不过这些变化都很微小，因此女生的声音变化并不明显。

什么是青春痘？

进入青春期，男孩和女孩的脸上经常会出现一些小痘痘，这就是青春痘。青春痘会自动消失，减少甜食摄入、每天多喝水，以及保证充足的睡眠都可以使青春痘症状减轻。

人为什么会变老？

随着时间的流逝，新细胞的生成速度会逐渐减慢。我们的肌肉逐渐不再结实，骨头也变得僵硬，皮肤变得松弛，脸上也开始出现皱纹。

为什么头发会变白？

我们头发的颜色取决于其中所含的黑色素。当人们变老，体内黑色素的量也会减少，头发也就逐渐褪去了颜色。

人们会既秃头又长胡子吗？

这是完全有可能的！事实上，雄性激素可以促进胡须的生长，也可以阻碍头发的生长。所以，胡须越多的人往往头发越少。

什么是预期寿命？

预期寿命是指一个地区的人们的平均寿命。不同国家、不同地区的人们预期寿命通常不一样。

预期寿命最长可到多少岁？

科学家表示，人的寿命一般不会超过 120 岁。然而，迄今为止全世界最长寿的人活了 146 岁！

疾病与健康

我们感冒的时候哪种感觉会减弱？

味觉！因为在感冒时，我们的鼻子里充满了鼻涕，阻挡了食物的气味进入鼻子，香气是味觉感受不可缺少的一部分。这就是为什么我们在吃一些难吃的东西时要捏着鼻子。

为什么不能听太强烈的声音？

我们的耳朵拥有 18 000 个感受听觉的细胞，它们是直接暴露在强烈的声音中的。一旦它们受到损害，那将是永久性的，因为这种细胞无法更新。

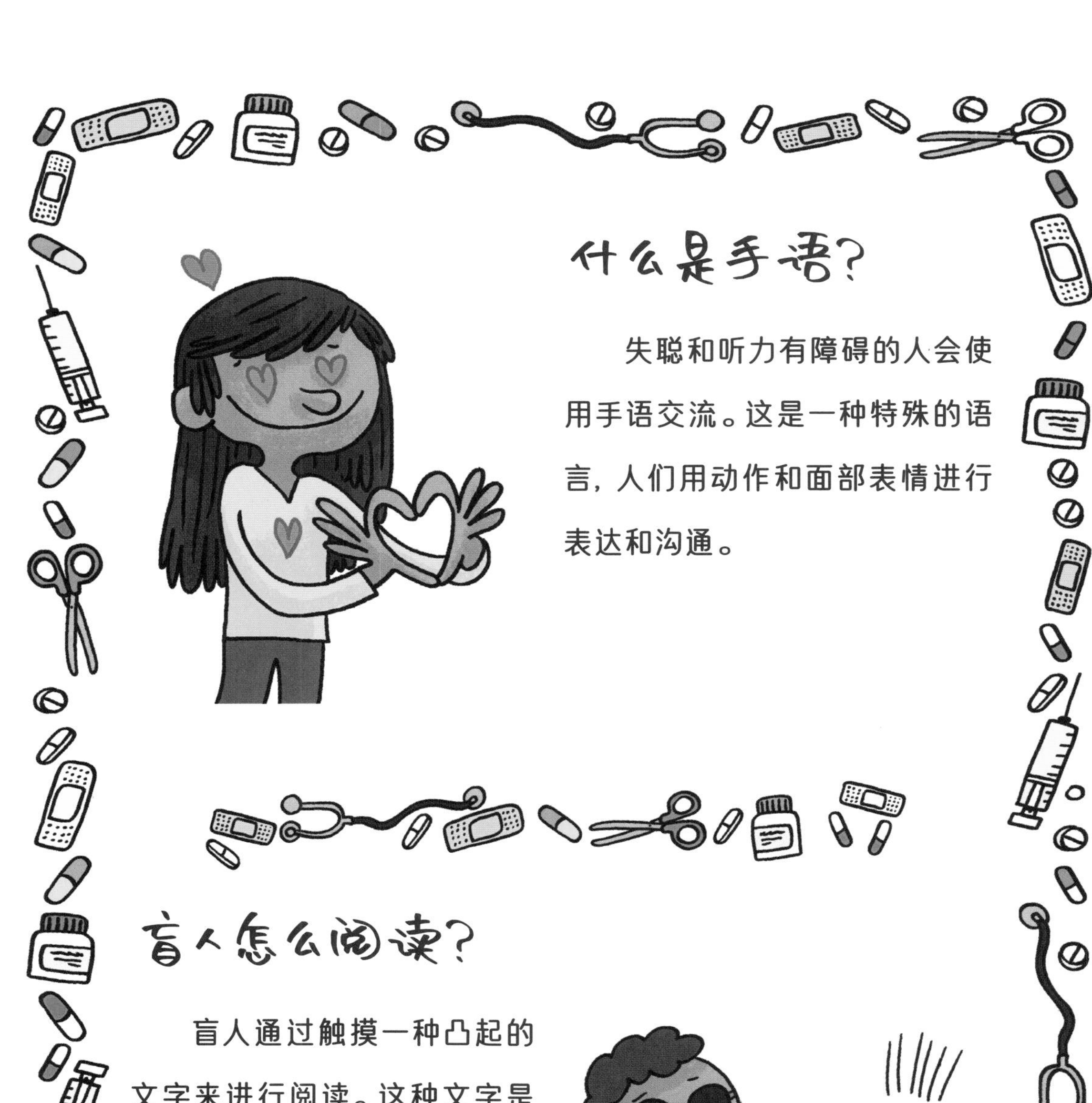

什么是手语?

失聪和听力有障碍的人会使用手语交流。这是一种特殊的语言，人们用动作和面部表情进行表达和沟通。

盲人怎么阅读?

盲人通过触摸一种凸起的文字来进行阅读。这种文字是19世纪初由路易·布莱叶发明的，失去视力的人能通过手指触摸盲文来阅读书籍和乐谱。

近视的人怎么看东西？

近视的人只能看清近处的东西，看远处的东西就很模糊。而远视的人恰恰相反。至于散光的人，不管距离远近，看东西都很模糊，甚至布上的线条方向都看不清。不过上面提到的这些问题都可以通过戴眼镜来解决。

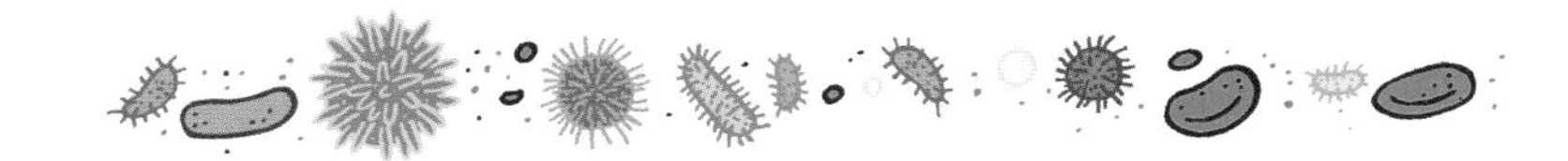

为什么疼痛是一种警示？

举个例子，如果我们完全感觉不到痛，我们就不会把手从滚烫的东西那里收回来。同样的，我们也无法知道自己生病并且及时治病。

什么是微生物？

微生物太小了，只有在显微镜下才能看到它们。微生物的数量十分庞大，其中包括：细菌、真菌、病毒。如果病毒和老鼠差不多大，那么细菌就相当于猛犸象那么大。

什么是细菌？

这种微生物通过分裂的方式迅速繁殖，抗生素可以杀死它们。猩红热、麻风病、破伤风、百日咳都是由细菌引起的疾病。

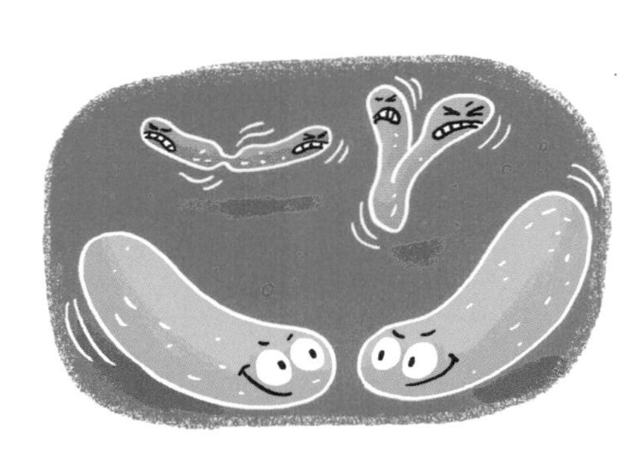

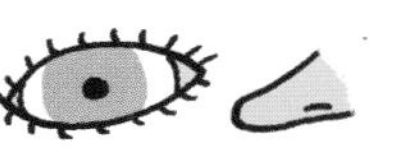

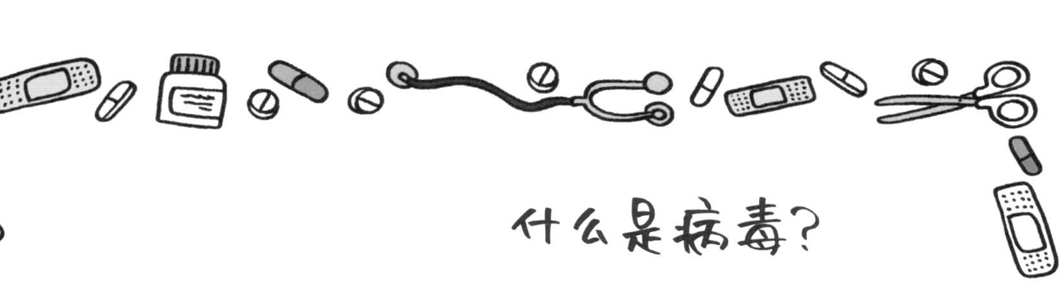

什么是病毒？

和细菌不同，病毒自己无法繁殖。它们需要进入其他生物的细胞，并在那里完成繁殖。病毒可以导致多种疾病，例如麻疹、水痘、感冒。

为什么说抗生素并不总是有用的？

你认为抗生素可以治疗一切疾病？那就是大错特错了！抗生素对病毒感染的疾病无能为力，也无法退烧或止痛。

什么是儿童疾病？

儿童疾病是指多发于儿童时期的疾病，比如麻疹、风疹、水痘。这些疾病基本一生只会得一次，因为痊愈之后身体就会产生抗体，病毒再次入侵时就会被抗体消灭。

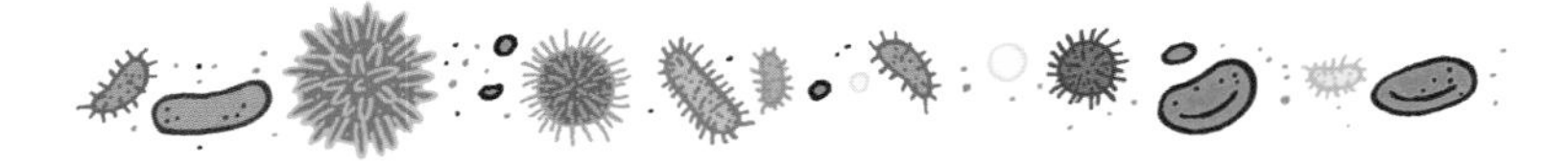

发烧有用吗？

当然了，发烧很有用！微生物都很讨厌高温，所以一旦这些不速之客进入身体，身体就会提高温度（就是发烧）来杀死微生物。这就是为什么发烧了以后我们不是一定要立马降温，而是让身体发起自卫。

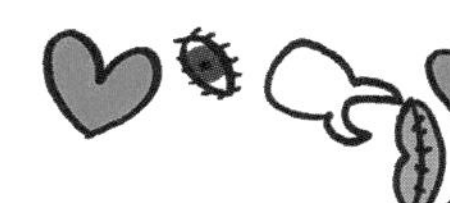

我们有哪些对抗微生物的机制?

有很多!皮肤是第一道防线。还有眼泪,它可以把眼睛里的沙子带出去。口水也能够杀死某些细菌。

气管上为什么有许多绒毛?

它们也是我们身体中的一道防线。这些气管壁上的小绒毛可以拦截吸入的空气中的细菌。之后,这些细菌会被一种黏液包裹并通过我们吐痰排出体外。

白细胞有什么用？

白细胞不仅存在于血液中，它们就如同身体中的“警察”。当微生物进入身体，白细胞就立刻增殖来向“入侵者”发起攻击。

扁桃体是什么？

扁桃体位于喉咙深处，它是人体防卫系统的核心部分，能够在微生物入侵的时候制造淋巴细胞和抗体对付它们。

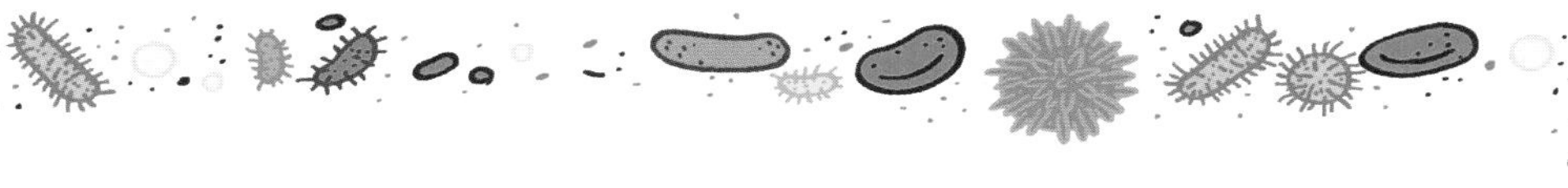

为什么要打疫苗？

打疫苗其实就是给身体注射一定量灭活的病毒。这样一来，一旦某天这种病毒再次入侵，身体的免疫系统就能辨别出病毒并制造抗体攻击它。

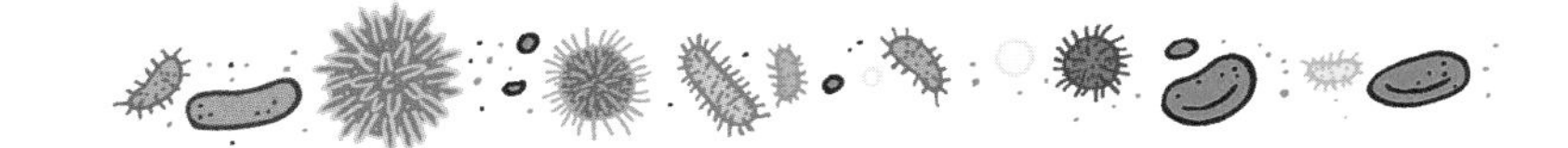

为什么打针经常是在屁股上？

很简单，屁股是身体上最不敏感的部分，原因就在于它上面连接大脑的神经很少，这样一来既能降低损伤神经的风险又不会觉得很痛了！

人体上会有真菌吗？

会的，但是可不是像树林里的蘑菇那样。身体上的真菌是肉眼看不到的，它们会引起皮肤病，例如手足癣。

什么是过敏？

有时候，身体会把一些外来物质，例如花粉和花生，当成敌人并用尽全力攻击它们，这时候人们就可能会开始咳嗽、起水泡，甚至发烧。

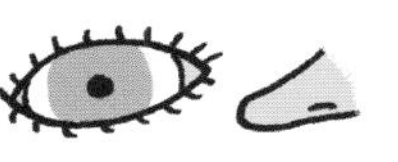

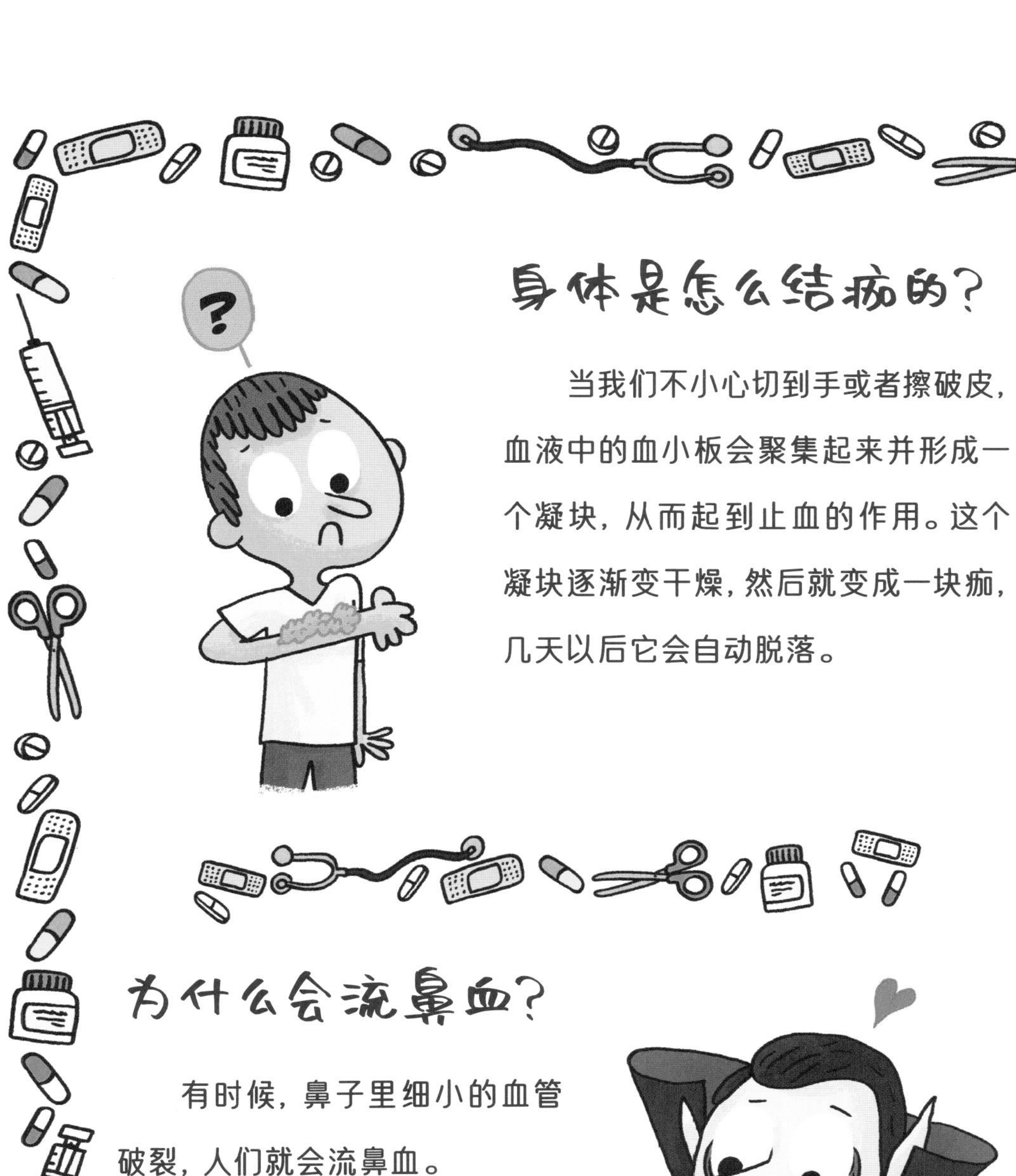

身体是怎么结痂的？

当我们不小心切到手或者擦破皮，血液中的血小板会聚集起来并形成一个凝块，从而起到止血的作用。这个凝块逐渐变干燥，然后就变成一块痂，几天以后它会自动脱落。

为什么会流鼻血？

有时候，鼻子里细小的血管破裂，人们就会流鼻血。

什么是瘀青？

我们被撞到的时候，皮下的毛细血管破裂，就会形成一片青色的瘀血，不过随后几天它的颜色会逐渐淡化并最终消失。

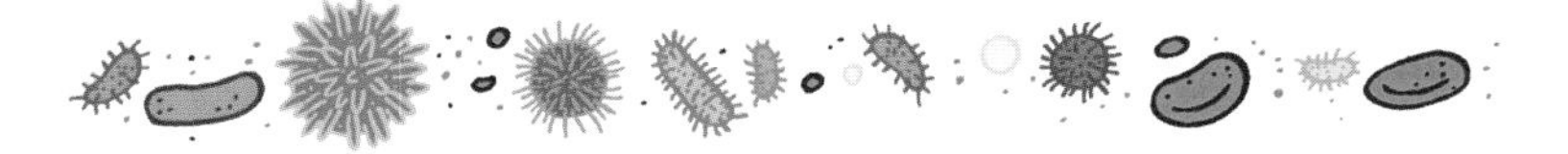

头上为什么会起包？

我们“砰”的一声撞到头，头上就会起一个大包，这是因为血管和充满白细胞的淋巴管破裂并且肿起来了。如果撞得不是很严重，这个包在几天后就会自动消失。

什么是痉挛？

痉挛一般指的是肌肉收缩，变得跟水泥一样硬，且无法放松。如果发生在运动中，通常是没有充分热身，身体用力时产生的乳酸太多无法排出所致。

什么是阑尾切除术？

当大肠的末尾部分（也就是阑尾）发生感染时，我们就可能需要做手术把它切除。这是个很常见的小手术。

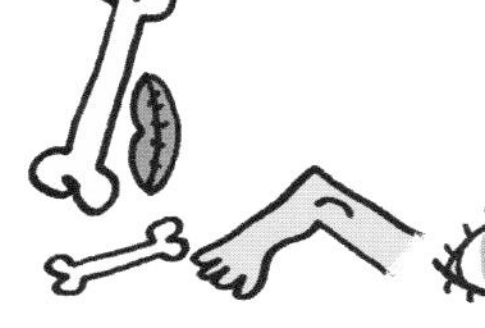
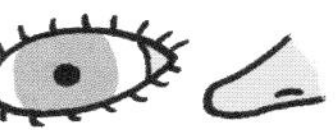

什么是诊断？

我们去看病的时候，医生会像调查员一样问我们很多问题，还会对我们进行听诊，从而确定病症。然后他们会开出一份诊断，告诉我们得的是什么病以及相应的治疗方法。

听诊器有什么用？

听诊器是医生听诊的时候用到的工具。有了它，医生就可以听到患者身体内部的情况，尤其是心跳和呼吸。

什么是器官移植？

当某个器官损坏太严重而无法继续工作时，医生会考虑给患者移植一个功能正常的新器官。这种器官是从刚刚去世的人的身体上取下来的，他们多死于事故，并且自愿进行器官捐赠。

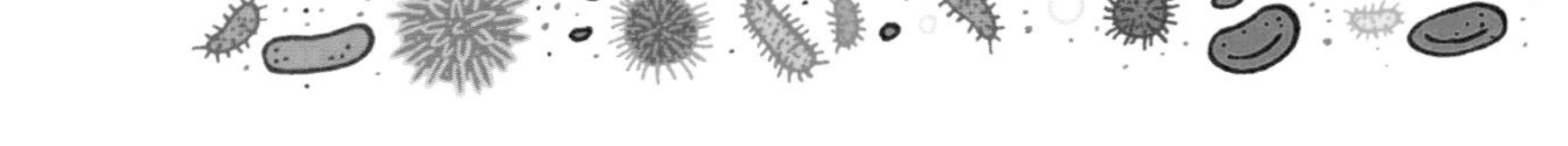

哪些器官能进行移植？

肾脏是最常见的能移植的器官。当然，肾脏不是唯一可以移植的器官，心脏、肺、肝脏同样可以移植。

眼睛可以移植吗？

尽管很多器官都可以整体移植，但眼睛并不能完全进行移植。不过覆盖在眼睛上的角膜却可以移植。

外科医生是干什么的？

外科医生是做手术的医生。他们在手术室工作，护士和其他医生会协助他们操作。每个外科医生都有自己的专业：心脏、大脑、消化系统，等等。

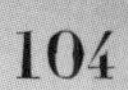
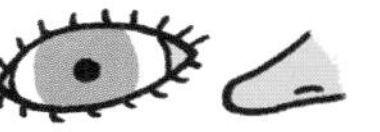

麻醉师是做什么的？

当病人接受手术的时候，麻醉师会先对他进行麻醉。这样在手术时病人就感觉不到疼痛了。麻醉师会通过注射或者吸入药物的方式给病人麻醉。麻醉只要几秒钟，病人就会沉沉地睡过去。

什么是心电图？

心电图可以分析心脏的工作情况。在做心电图的时候，医生会在待测者身上的相应位置接上传感器，与之相连的机器就可以在屏幕或者纸上绘制出心脏跳动的情况图。

什么是X光？

X光能够帮我们看到身体内部的情况，从而及时发现疾病。X光用肉眼无法看见，但可以穿透人体。自1895年被发现以后，X光帮助医学的发展向前迈进了一大步。X光的使用非常广泛，尤其是在骨折检查中发挥了巨大的作用

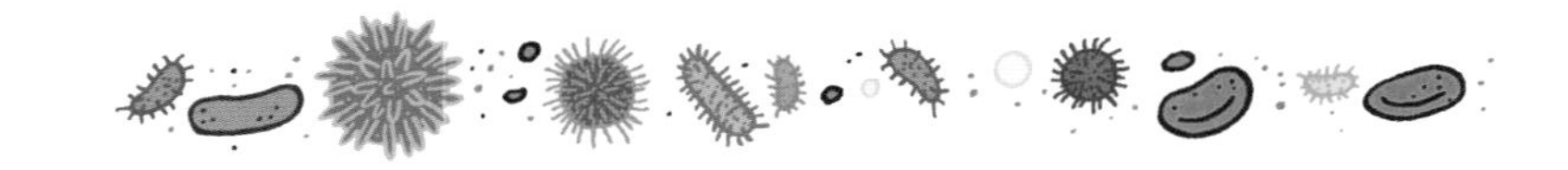

什么是CT机？

CT机是运用X光对人体内部进行检查的仪器，只不过它形成的图像是3D的（也就是立体的），而传统X光成像是2D的（即照片，是平面的）。做扫描的时候病人躺在一张可以移动的床上，然后进入一个圆管道似的结构中。这个过程完全没有痛苦！

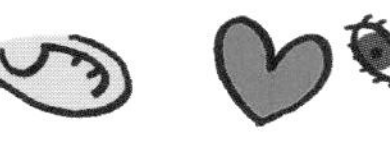

为什么保持卫生有利于身体健康？

洗澡可以清除皮肤上的细菌及微生物，从而有效预防感染和一些疾病。此外，洗澡也可以去除身上的汗味，让自己闻起来香香的！

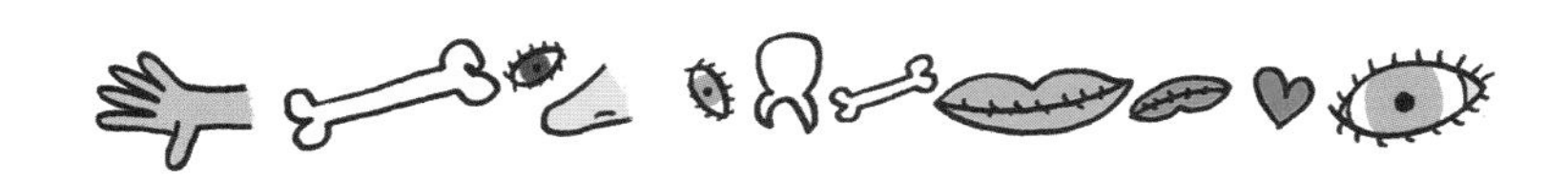

为什么要洗手？

我们的手每天会触摸很多东西，很容易沾染上微生物。经常用肥皂洗手可以祛除这些微生物并阻止它们在身体上繁殖。

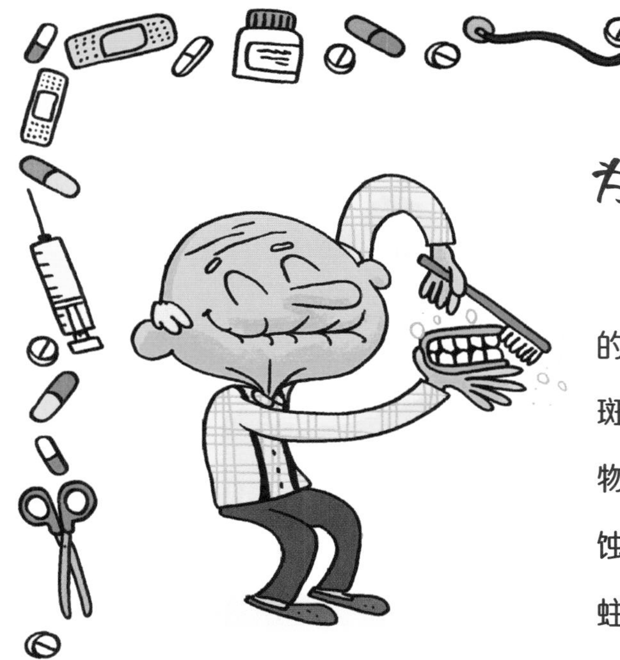

为什么要刷牙?

刷牙是预防蛀牙非常有效的方式，因为刷牙可以防止牙菌斑的形成。牙菌斑是由唾液、食物残渣、细菌还有含糖的食物腐蚀牙齿造成的，严重时就会引起蛀牙。

为什么要喝水?

每天人们都要喝足够的水，以保证肾脏的正常工作。肾脏的工作是不停地过滤血液，并把血液中的毒素和废物通过尿液排出体外。

为什么要运动？

坚持体育运动的好处可多了！例如预防某些疾病，增强心脏和呼吸系统，保持骨骼和关节的健康，等等。当然，运动还能让我们感到神清气爽！

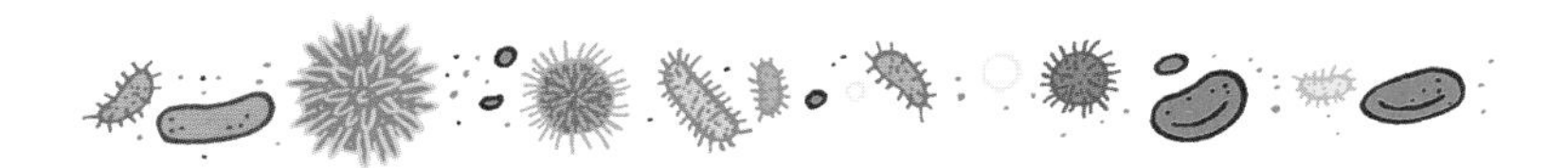

什么是假肢？

假肢可以弥补身体残缺的部分，比如胳膊或腿。如今的假肢已经设计制造得非常完善了，但是它们可不是什么新奇的东西哦，因为古埃及人就已经在使用假肢了！

什么是内啡肽？

这是我们的身体释放的一种物质，它可以起到镇痛的作用，还会让人感到身心舒畅。这就是为什么医生会建议抑郁的人多做运动。

为什么要笑？

当我们笑的时候，身体会产生内啡肽。这就是为什么小丑经常来到儿童医院为孩子们表演。

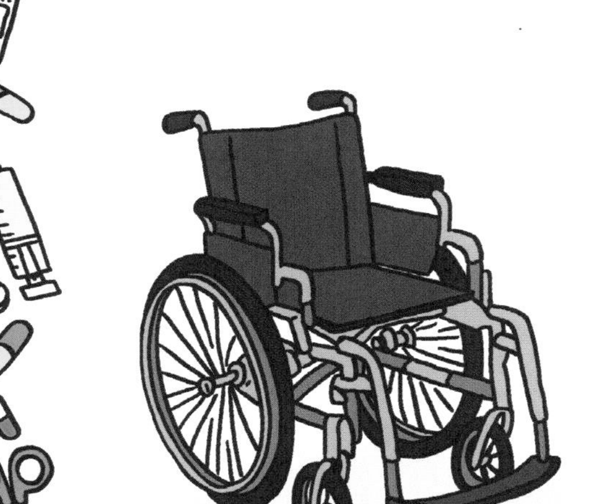

什么是行动障碍?

当一个人无法完成大部分正常人能够完成的动作时，我们就称他有行动障碍。这可能是瘫痪或者截肢导致的。

什么是精神障碍?

如果一个人心智能力受损，他就会出现学习、思考、判断等能力的障碍。这种障碍会影响自主能力，以及和他人之间的关系。

为什么说人类属于杂食性动物？

人类既吃肉类食物，也吃植物类食物。只有不挑食的孩子才能保证营养摄入均衡，拥有健康的身体。

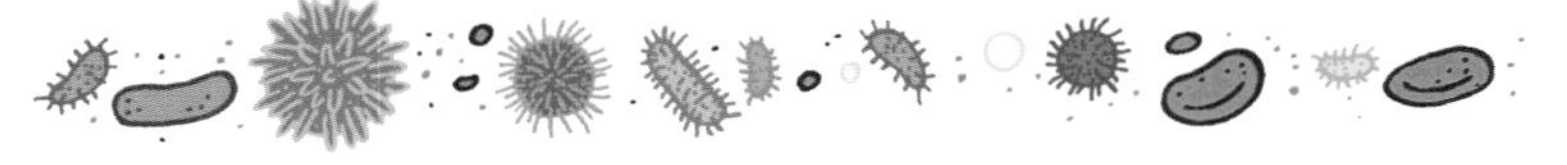

为什么肚子会不舒服？

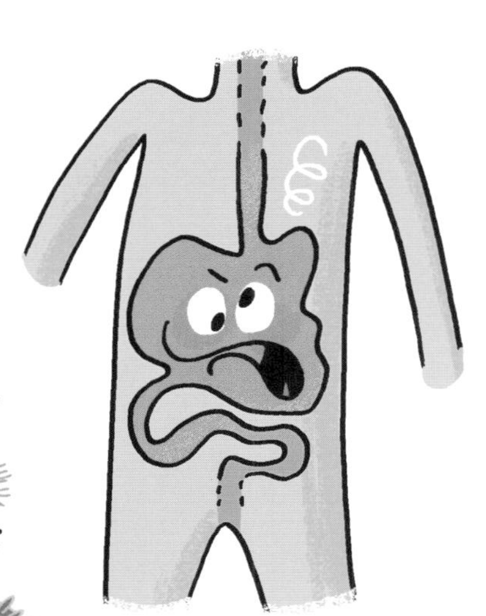

我们感到恶心，很多时候就是胃部生病了。一旦胃部无法消化吃下去的食物，就会把食物向上挤压，然后我们就会呕吐。如果是肠道收缩并迅速把食物排出体外，这就是腹泻。

什么是卡路里？

卡路里是衡量食物产生的能量的单位。比如，100 克米饭能为我们提供 200 大卡的能量，100 克猪肉、大葱、三文鱼、牛角面包分别可以提供400大卡、30 大卡、139 大卡、378 大卡的热量。

什么叫“燃烧卡路里”？

如果我们摄入的卡路里大于身体活动消耗的卡路里，我们就会变胖。燃烧卡路里意味着消耗多余的卡路里。一勺蛋黄酱的热量需要步行 1 小时才能消耗完！

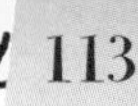

什么是维生素？

维生素是人体正常运转所必需的物质，人类自身几乎无法合成维生素，因此只能通过吃各种各样的蔬菜和水果来补充维生素。

为什么每天要吃5种蔬菜和水果？

蔬菜和水果对于人体健康非常重要，因为它们含有丰富的矿物质、纤维素和维生素。摄入5种蔬菜和水果可以为人体提供每日所需的营养元素。

出版团队

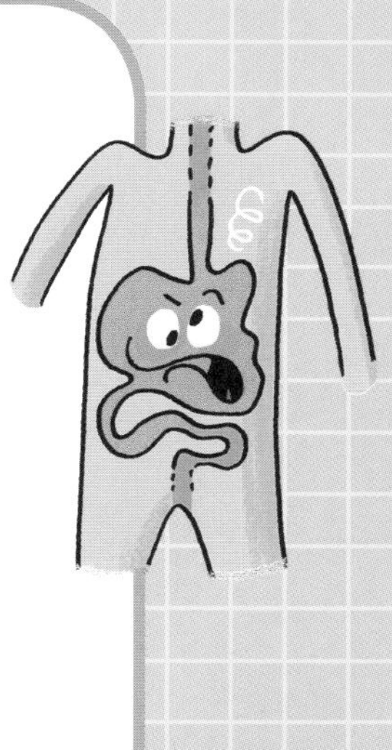

出品方　斯坦威图书

出品人　申　明

出版总监　李佳铌

产品经理　韩依格

责任编辑　马妍吉

助理编辑　刘予盈

封面设计　高怀新

排　　版　ShangaDesign

发行统筹　阳秋利

市场营销　王长红

行政主管　张　月

翻译统筹　语言桥 Lan-bridge

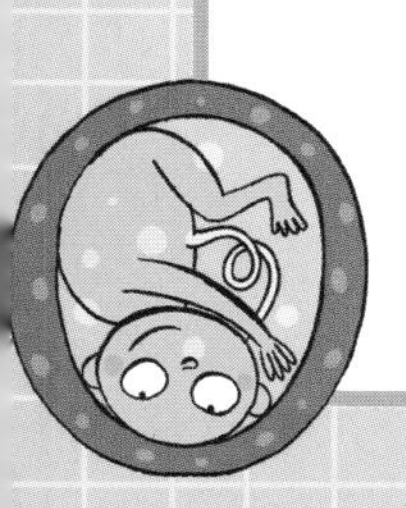

拉鲁斯科学馆 3

关于宇宙的212个谜题

[法]萨宾娜·朱尔丹
[法]安妮·罗耶　著
[法]苏菲·德·穆伦海姆

王肖艳／宋傲／陈月淑　译

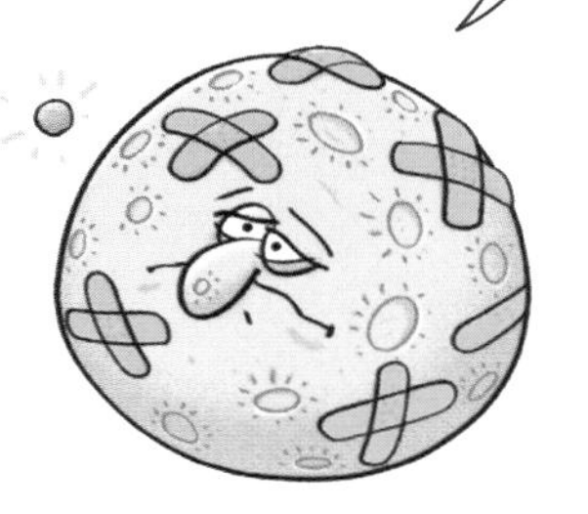

天津出版传媒集团
天津科学技术出版社

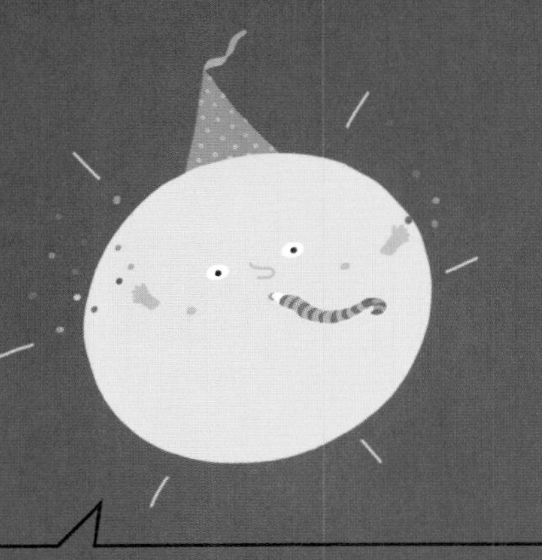

我们的太阳几岁了？

什么是行星？

我们通过什么工具
来观察太空呢？

失重状态是什么意思？

什么是宇宙射线？

地球有多大？

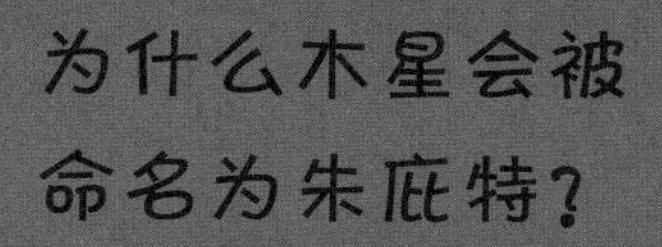

在比邻星周围存在着
其他的星球吗?

外星人真的存在吗?

什么是星云?

恒星是如何诞生的?

宇宙大爆炸是怎样发生的?

目 录

CONTENTS

璀璨的恒星 1

神奇的行星 29

空间探索 57

宇宙的奥秘 85

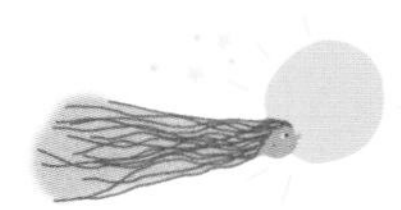

璀璨的恒星

什么是宇宙？

我们存在于宇宙之中，是宇宙的一部分。

宇宙，它环绕着我们，它既包含着我们所能见到的一切，也包含着我们不能见到的一切。宇宙是一整个空间，它包含了地球、月球、太阳，以及其他的星球……

宇宙是如何诞生的呢？

科学家们认为在最初的时候，宇宙的一切都集中在一个针尖般大小的圆点中。某一天，这个圆点爆炸了，里面所有的物质都分散开来。而这一天，便是宇宙诞生的日子。

什么是天体？

宇宙里面布满了碎石、冰块、行星、恒星……所有这些自然存在的物体都是天体。我们从地球上可以看见其中一部分天体，而另一部分则是我们无法从地球上观测到的。不过，天空中划过的“一束烟火”可算不上天体哦！

什么是恒星？

恒星是一个巨大的气团，它产生光，也产生热。我们在夜晚看见的星光，基本都是恒星发出的光芒。我们在地球上看到的那些只有一颗珍珠大小的恒星，可能比地球还要大呢！只是因为它们离我们非常远，所以显得很小。

恒星是如何诞生的？

在宇宙中存在着“气体云”和“尘云”。有时候，它们会组合起来，形成一个球，这个球的内部会变得越来越紧密。当球的密度达到一定程度以后，它就会在引力的作用下向内收缩，新的恒星就诞生了。

恒星的年龄有多大？

许多恒星都有上百万甚至上亿的年岁呢。我们需要通过了解它们的体型和颜色来计算它们的年龄，体积大的恒星通常较为年轻。

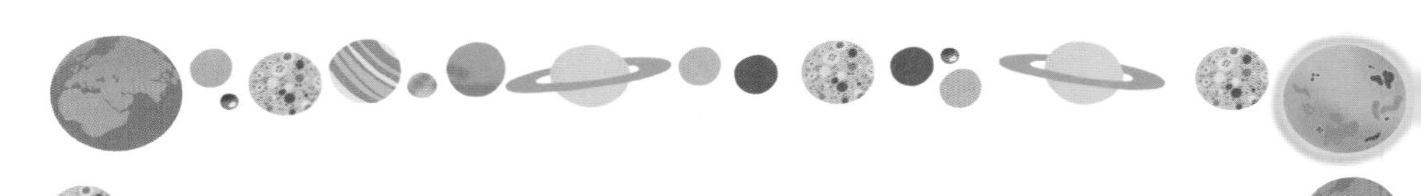

恒星是怎样发光的？

恒星是由气体组成的，而组成这些气体的微粒处于永恒的运动之中。这些微粒在运动的过程中相互撞击，然后发生变形，最后爆炸。在这个爆炸的过程中会发出强光以及产生巨大的热量。

所有的恒星都是黄色的吗？

事实上，恒星有红色、黄色、白色或者蓝色的。我们可以通过颜色来判断它们表面的温度。蓝色恒星表面的温度最高，红色恒星表面的温度最低。尽管如此，红色恒星表面的温度依旧达到了 3 000K！

恒星会死亡吗？

会的！当恒星把自身的气体都燃烧完以后，它们就会开始燃烧自己周围的气体。在这个过程中，恒星的体积会变得越来越大，它们的颜色也会变成红色。然后它们会持续紧缩，直到某一刻突然消失不见。

什么是超新星？

有时候，红巨星的体积膨胀到一定程度就会爆炸。此时，恒星就演化成了超新星。超新星是比恒星更耀眼的天体，它们会在太空里自行分解。

宇宙中有多少颗恒星呢？

如果说世界上存在数不尽的东西，那它一定是宇宙中的恒星。如果要数清宇宙里的恒星总数，就需要估算宇宙的体积，但这个过程非常复杂！

什么是星座？

夜晚的时候，我们肉眼可以看到成百上千颗星星。为了观测这些星星，古代的智者们发挥了他们的想象力，用线把它们连接起来，组成的一个个图形就是星座。

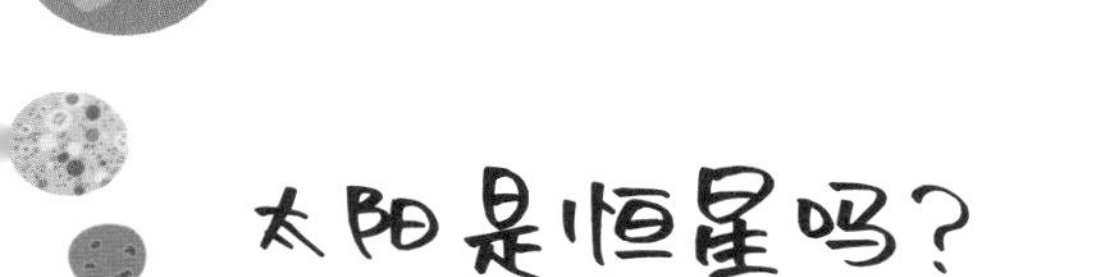

太阳是恒星吗？

太阳是距离地球最近的恒星，它离地球大约有15亿千米。正是太阳产生的光和热，为地球生物提供了一切生命所需。

太阳的体积有多大呢？

如果将太阳想象成是一个空心的球，那么我们可以往里面装100多万个地球，更准确地说，是130万个地球。但太阳的体积相对于其他恒星的来说，还算小的呢。

什么是星系？

在宇宙中，恒星团、行星团、尘埃团会围绕着同一个中心旋转，有时它们会因此形成一个螺旋。有些螺旋的体型巨大，而有些则相对较小。

宇宙中有多少个星系呢？

我们很难准确地了解到宇宙中星系的具体数量，因为我们无法确定宇宙到底有多大。天文学家们估计宇宙中大约存在1 300亿个星系。

我们所在的星系叫什么?

地球所在的星系被命名为“银河系”。天气晴朗的夜晚，我们可以在夜空中看到一条乳白色的“道路”，那就是银河。银河看起来有点像一条明亮的白纱，就如它在古希腊时期的名字——“乳白色之路”。银河看起来就像牛奶一样。

在银河系中存在着多少颗恒星?

天文学家们认为银河系里大约有 2 340 亿颗恒星。我们能从地球上观测到的恒星大约有 3 000 颗!

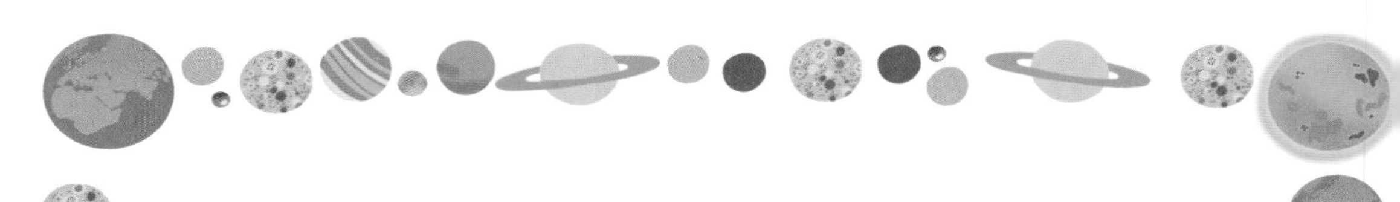

什么是小行星？

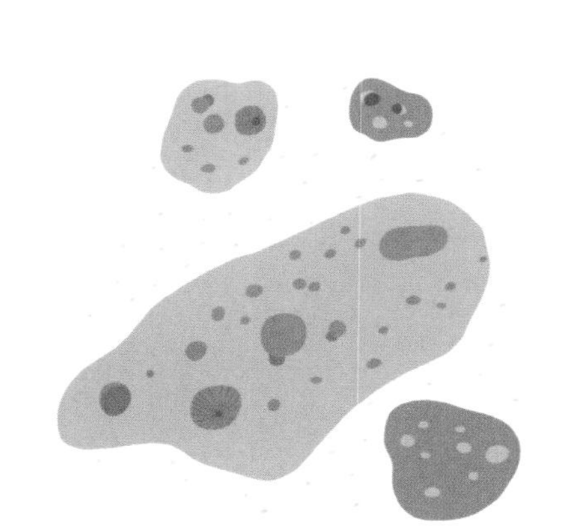

小行星是一个岩石带团。它的形态可以是多种多样的，长度可以短至几米，也可以长至几千米。银河系里已知的小行星大约有 3 万个，不过这个数字每天都在增加。

小行星会落入地球吗？

大多数小行星都漂浮于火星和木星之间，它们会形成一个环状带，就是“小行星带”。其他的小行星则存在于小行星带之外，它们是有可能撞击地球的，但是这种可能性极低，即便撞过来，咱们还有大气层保护着地球呢！

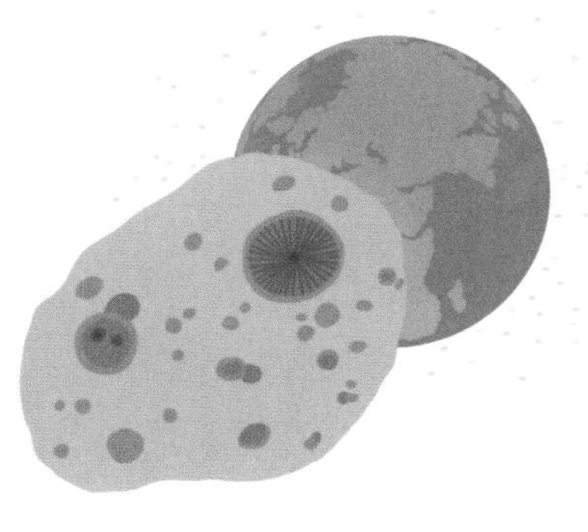

什么是陨石？

小行星有时候会相互碰撞，在这个碰撞的过程中产生的岩石碎片或者金属碎片就会漂浮在太空中，其中的一些会坠入地球，这些坠入地球的碎片就是陨石。大多数的陨石都如尘埃般微小。

恐龙灭绝是陨石造成的吗？

有一些陨石是无法被分解的。但幸运的是，目前已知的最大的陨石着陆于沙漠，它的质量有 60 吨。科学家们认为，恐龙灭绝是由 6 500 万年前的巨型陨石撞击地球导致的。

流星和陨石有什么区别呢？

当小行星的碎片进入大气层后，星体会燃烧发光，这颗发光的星体就是流星。如果流星火焰没有将星体全部分解的话，星体的剩余部分就会落入地球，这个落入地球的部分就叫陨石。

什么是彗星？

和小行星不同的是，彗星不是由石头构成的，而是由冰块和固化的液体构成的。当彗星围绕太阳时，彗星中的液体和气体就会升温，于是就形成了一条闪闪发光的长尾巴。

流星是怎样形成的？

流星体和陨星是同一个概念。流星体是一个进入地球的发光天体，其实白天也存在着流星体，只是我们看不到罢了。

恒星会相撞吗？

大多数的恒星都相距好几千亿千米，因此尽管恒星确实有可能相撞，但这个概率是十分微小的。

什么是比邻星？

比邻星是除了太阳以外离地球最近的恒星了，虽然它和地球一样身处银河系，但是它距离我们依然有 4 光年的距离，4 光年大概有 378.43 千亿千米。

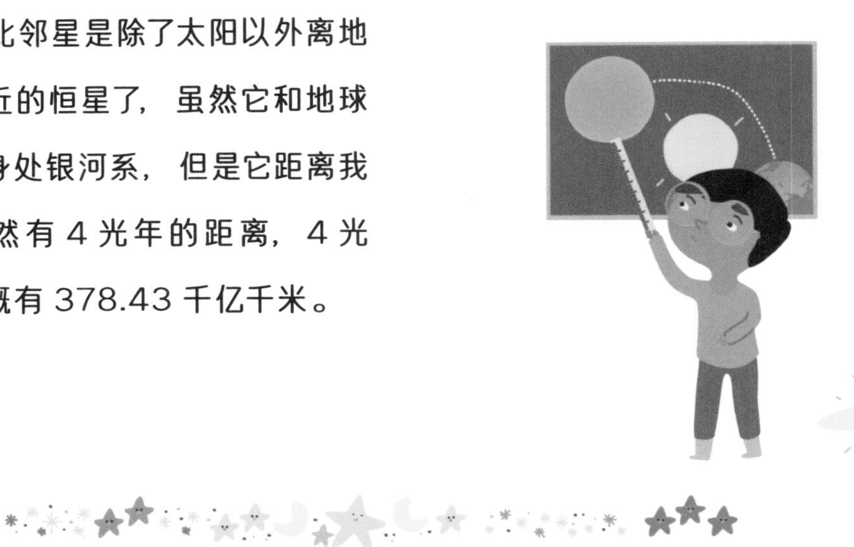

在比邻星周围存在着其他的星球吗？

比邻星所在的星系和太阳系相似，它应该处于这个星系的中心位置。人类在 2016 年观测到了这个星系里面的天体。除了比邻星外，这个星系里面一定还存在着其他的星球。

什么是参宿四？

参宿四是一颗非常著名的恒星，因为它是我们目前所知的光芒最为耀眼的恒星。它是一颗红超巨星。与太阳的年龄相比，参宿四已经走到生命的暮年了。

参宿四会在什么时候死去呢？

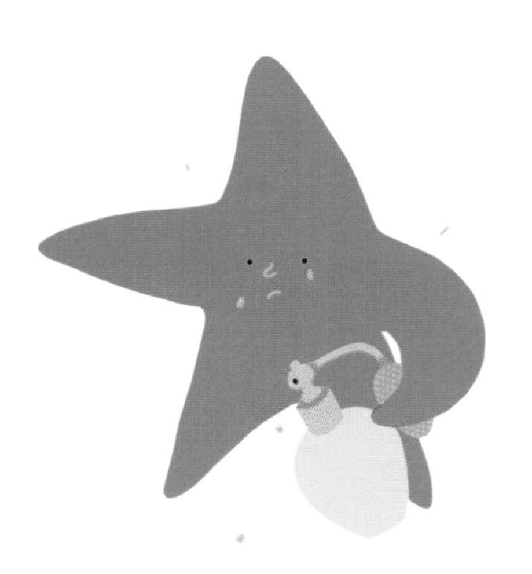

最近，天文学家们观测到参宿四的亮度不比从前了，所以有一些天文学家就开始琢磨参宿四是不是快要死亡了呢？实际上，天文学家们是参照参宿四几千万年以前的亮度得出的结论，所以参宿四衰老的过程对我们人类而言还是非常漫长的。

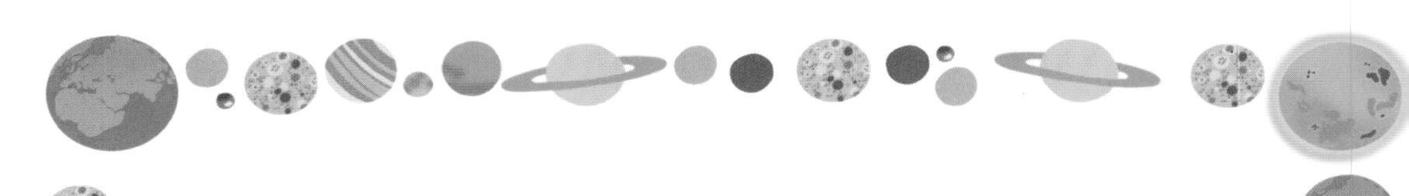

“参宿四”是罗马神话里面的人物吗？

天文学中的“参宿四”和罗马神话里面的“参宿四”是没有关联的。“参宿四”这个词源自阿拉伯语，以前有很多阿拉伯天文学家给恒星命名，这些名字后来又被转译为了拉丁语。

所有的恒星都有名字吗？

比邻星或者参宿四有机会被命名，但是这并不意味着天空中所有的恒星都有机会拥有自己的名字。事实上，由于恒星的数目实在太庞大了，所以它们中的绝大多数都是用 3 个字母和 1 个数字来编码命名的。

银河系中最明亮的恒星是哪一颗呢？

我们在地球上肉眼可见的、最明亮的星星是大犬座的天狼星。它离地球的距离比较近，所以我们在地球上看它才如此耀眼。

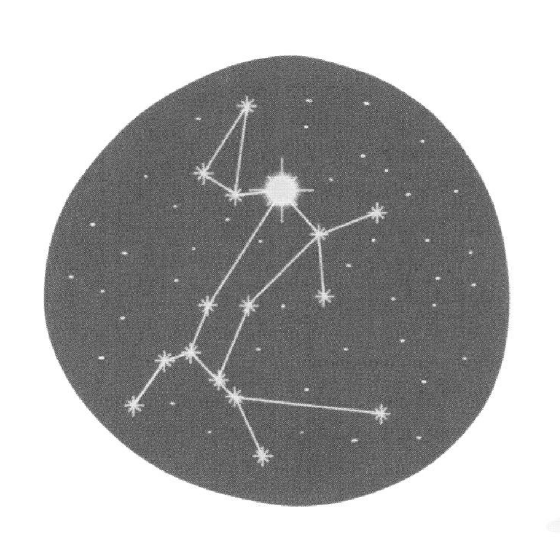

什么是蓝巨星？

在已知的宇宙空间中，蓝巨星是最明亮的恒星，它的温度大概有太阳温度的 2 倍之高。但是，它们的生命也是所有恒星中最短的。

谁是宇宙中最大的恒星？

人类迄今已知最大的恒星叫作盾牌座 UY。它的大小是太阳的 1 700 倍。但或许明天我们就可以再找到一颗体积比盾牌座 UY 更大的恒星呢。

什么是变星？

恒星产生的光并不是一直保持不变的。有一些恒星会以很高的频率转换自己发光的强度。这些恒星就是变星。

什么是白矮星？

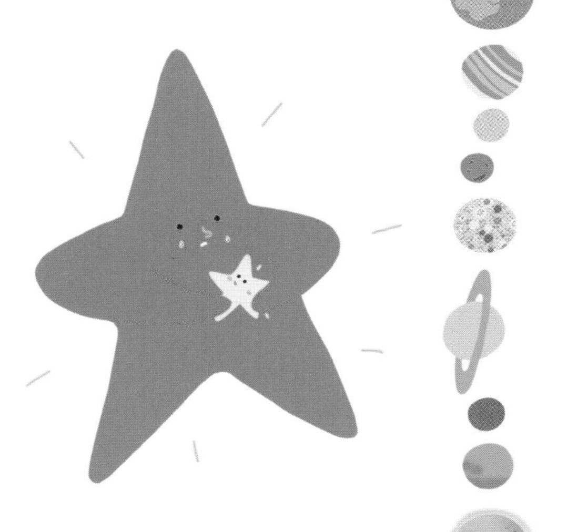

在大多数情况下，红巨星死亡以后会变成白矮星，白矮星处于恒星生命的尽头，它会不断燃烧自己，直至某一刻完全熄灭。当然，一颗白矮星从开始燃烧至完全熄灭也需要几十亿年的时间。

什么是褐矮星？

褐矮星也是由恒星转变而来的，但是由于它的体型很小，所以自身并没有足够的气体用来燃烧并发出足够强度的光。换句话来说，褐矮星是一种并不足以称之为恒星的恒星。

什么是双行星？

在太空中，有一些恒星是以成对的形式存在的。这两颗恒星相互环绕，永远都不会分开，这样的两颗恒星就被称为双行星。但这并不意味着这两颗恒星就像双胞胎一样长得一模一样，双行星也可以由黄色和蓝色的恒星组成。

什么是聚星？

当两颗以上的恒星围绕着另外一些恒星旋转时，这些恒星所组成的恒星系统被称为聚星。有时候，我们会误认为自己观测到了双行星或者聚星，但它们有可能只是几颗恒星的排列形成了双行星或者聚星的视觉效果。

我们是在什么时候发现第一批小行星的呢？

1801年，一个意大利人观测到火星和木星之间存在着一个未知物体，人类由此发现了第一颗小行星。当时，这个意大利人觉得那个未知物体是一颗行星，由于我们在离地球更近的地方也发现了其他的行星，所以，我们就将位于火星和木星之间的物体命名为小行星。

什么是“克瑞斯”？

1801年，第一颗被人类发现的小行星被命名为克瑞斯，这也是罗马神话中“西西里岛守护女神”的名字。由于当时人们是在西西里岛观测到它的，所以它便拥有了这个名字。

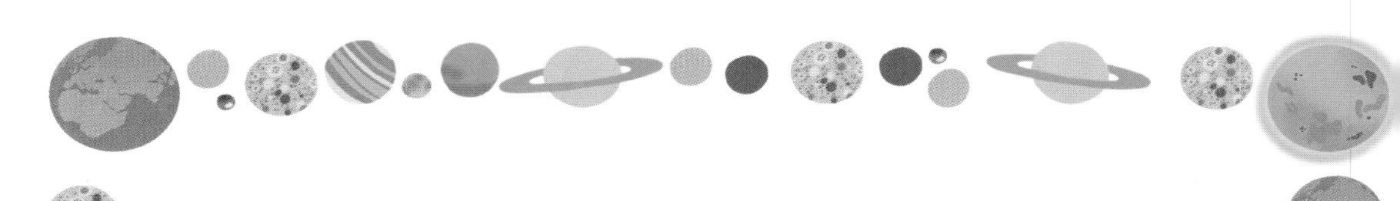

什么是北极星呢？

北极星是我们肉眼可见的指向最北端的恒星。如果我们朝着它的方向走去，就代表着我们面朝北方。北极星还有一个名字叫作阿尔胡卡巴，它位于小熊座。

我们可以在南半球看到北极星吗？

当我们身处于南半球高纬度地区的时候，我们就无法观测到北极星了。事实上，北半球的星空和南半球的星空并不相同。

为什么大熊座长得很像一口锅呢？

大熊座其实长得很像一只熊，它由超过 100 颗恒星组成。但是为了更好地在星空中为它定位，我们仅找出大熊座中最重要的 7 颗恒星，再把这 7 颗恒星连起来，所以最后得到的图案才像是一口锅。

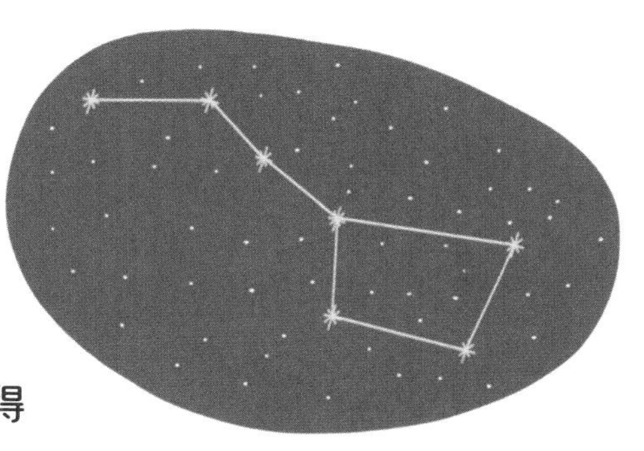

哪一个是仙后座呢？

卡西欧佩亚是希腊神话中的一位皇后，这位皇后声称自己的女儿安德洛莫达是世界上最美的女孩。卡西欧佩亚拥有一个和自己同名的星座，也就是仙后座，这个星座在天空中呈“w”状。她的女儿安德洛莫达在天空中也有一个和其同名的星座。

南十字座是否指向南方呢？

如果我们朝着南十字座径直走去，我们就大致是面向南方的。和北极星不同的是，南十字座的亮度比较微弱，所以它在为我们指引方向上并没有太大的作用。

为什么夜晚的星空会发生变化呢？

其实这并不是星空在发生变化，而是因为地球在自转。假设我们抬头看天花板上的一幅画，同时我们自己在一直旋转，那么我们眼中的画也会一直变化。这就是我们抬头看到天空中的星星会不断变化的原因。

为什么会有流星雨之夜？

当围绕着太阳公转时，地球偶尔会遇见彗星群。这些彗星进入地球大气时会燃烧起来，就形成了我们眼中的流星雨。这样的流星雨一年会出现好几次。

我们在什么情况下能够观测到流星雨呢？

观测流星雨的理想环境是在远离城市的郊外，在没有月亮或者月光微弱的夜晚。因为，如果月光太强的话，流星雨的光芒会被月光掩盖住，我们就无法清晰地看到流星雨了。

我们的太阳几岁了？

虽然太阳的体积很庞大，但它实际上是一颗黄矮星。太阳其实已经有 45 亿岁了，不过这个年纪对它来说还很小。据科学家们估算，地球大约还可以再活 50 亿年。

太阳会在未来的某一天死亡吗？

这是当然的！只不过在太阳死亡之前我们是不知道它死亡的具体时间的。但有一点我们可以确定，那就是随着太阳年岁的增长，它的温度会越来越高，体积也会越来越大，到了某一刻，地球上的生命会承受不了太阳散发出来的热量。不过现在的我们不必担心，这一切都是 10 亿年以后的事情了。

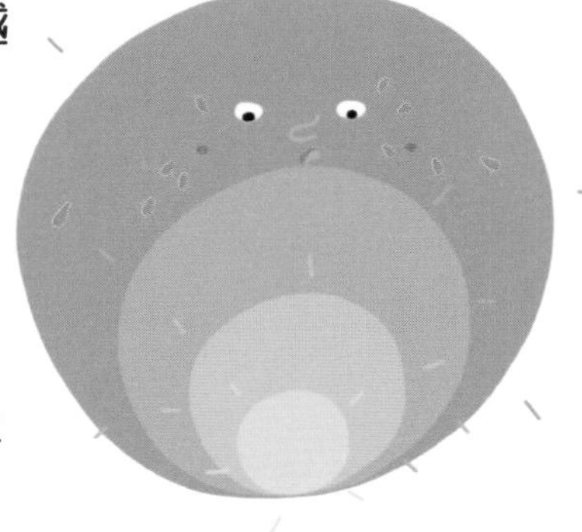

神奇的行星

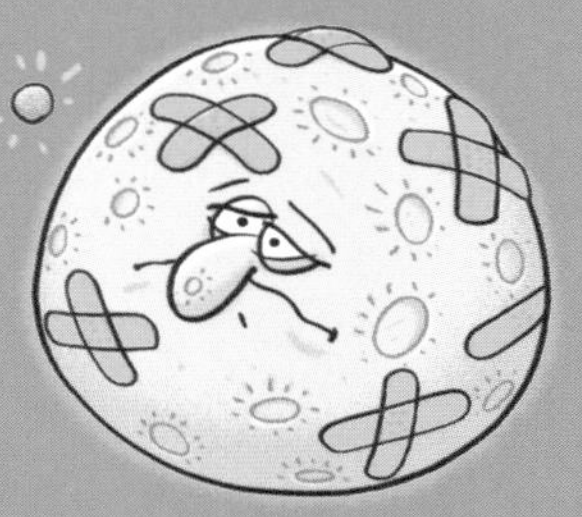

什么是行星？

行星是围绕着一颗恒星运转的天体。但只有那些足够圆、足够大的天体才可以被认定为行星。

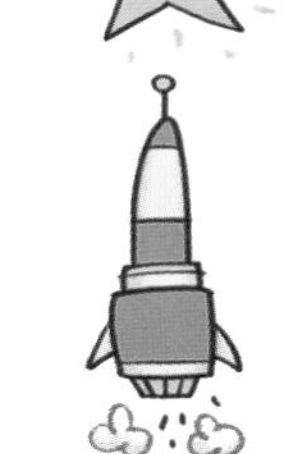

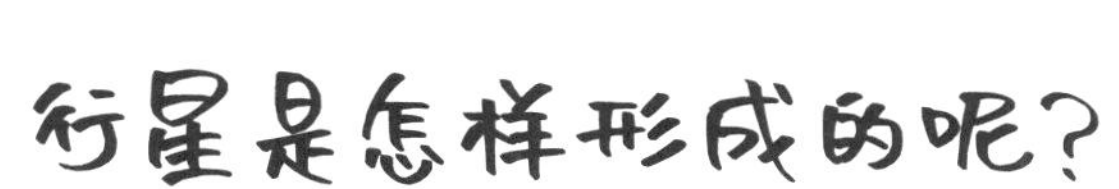

行星是怎样形成的呢？

恒星诞生以后会被碎石和尘埃环绕。这些碎石和尘埃会在恒星周围的某些区域相互吸引，然后黏结在一起，形成一个团块。随着这个团块越来越大，它对周围其他天体的吸引力就越强。所有的这些碎石和尘埃凝结在一起，形成的大圆球就是行星。

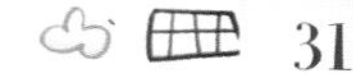

宇宙中存在着多少行星呢？

行星是围绕着一颗恒星运转的。目前观测到宇宙中有超过 1 000 亿个星系，假设每个星系里面拥有超过 1 000 亿颗恒星，那么宇宙中就存在着超级多的行星啦！

在银河系里存在着多少行星呢？

其实到目前为止，我们也只能够给出银河系里面行星的大致数目。科学家们估计银河系里面大约有 2 400 亿颗行星。但是目前人类已知的行星也只有 700 颗！

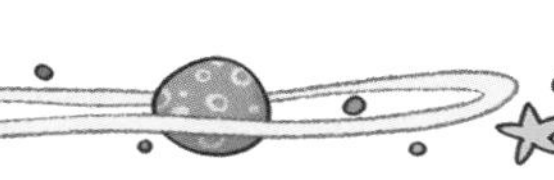

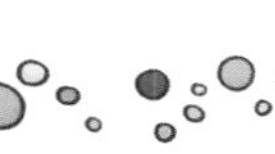

什么是太阳系？

太阳是银河系中的一颗恒星，也是宇宙之中的一颗恒星，它吸引着好几颗行星围绕着它公转，咱们的地球也是其中的一颗。太阳和其他行星一起构成了太阳系。

太阳系是在什么时候诞生的？

很久很久以前，尘埃和气体一起构成了一个气团。由于这个气团在不断自转，而且它的中心温度又很高，于是它就变成了一颗恒星——太阳。随着时间的推移，太阳周围的碎石和灰尘转化成了行星。当然，这一切都是距今大约46亿年以前的事情了。

在太阳系中存在着多少颗行星呢?

太阳系中一共有8颗行星。按照离太阳由近及远的顺序，这8颗行星分别是：水星、金星、地球、火星、木星、土星、天王星、海王星。

是谁给这些行星起的名字?

太阳系里面的大多数行星都是在古代就为人们所知的。发现这些行星的智者们是用古代神话里神的名字来给这些行星命名的。今天，新发现的行星通常是以发现者的名字来命名的。

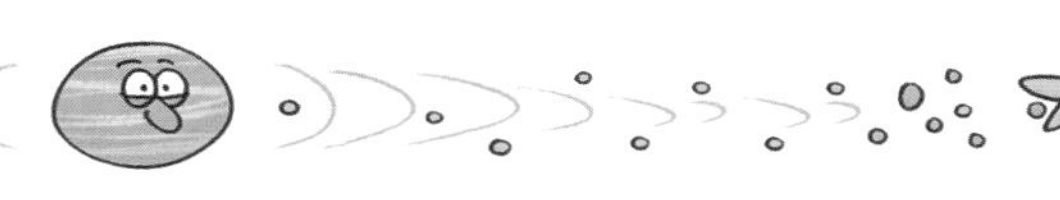

行星是不是都是固态的？

有一些行星是“硬”的，因为这些行星是由岩石和金属构成的，我们称这些行星为类地行星。在太阳系中有4颗类地行星，分别是水星、金星、地球和火星。这4颗行星也是距离太阳最近的行星。

什么是“气态星球”？

有一些星球是由围绕着一颗固态核心的气体构成的。这些行星距离太阳更为遥远，它们的体积相对于类地行星来说也更大。这些“气态星球”的名字分别是木星、土星、天王星、海王星。

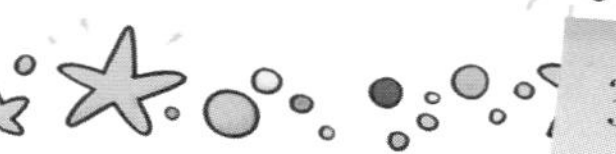

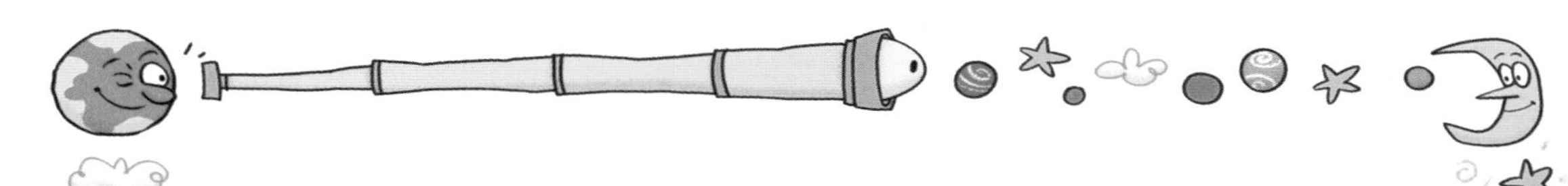

离太阳最近的行星是哪一颗？

答案是水星。水星距离太阳的平均距离约为 5 850 万千米，但它距离太阳的实时距离则时近时远。

水星的表面为什么有很多坑？

和地球不同的是，水星并没有可以保护它的大气层，几十亿年以来，陨石们都是直接落到水星表面的，水星表面也因此存在着很多陨石坑。

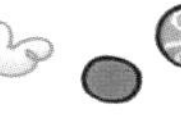

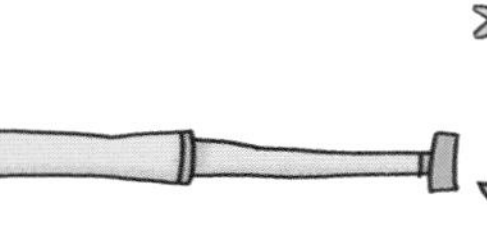

为什么水星会被命名为“墨丘利”？

在古代，为这颗行星命名的智者们可能已经观测到这颗行星是在高速运行的了，它的运行速度就像罗马神话中众神的信使墨丘利那样快。水星绕太阳公转的周期约为 88 天（而地球的公转周期约为 365 天）。

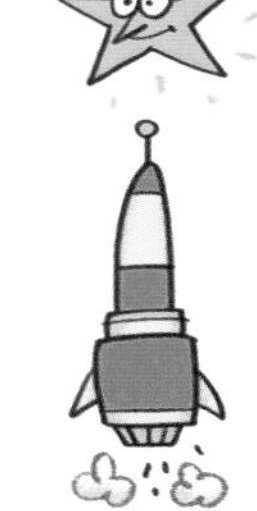

人类可以在水星上生活吗？

不可以。人类是不可能在水星上生存的！水星上没有大气层，因此也没有可以供人类呼吸的氧气。另外，水星白昼时长达 3 个月，日间气温高达 432℃！水星的夜晚时长也长达 3 个月，夜间气温更是低至 −172℃！

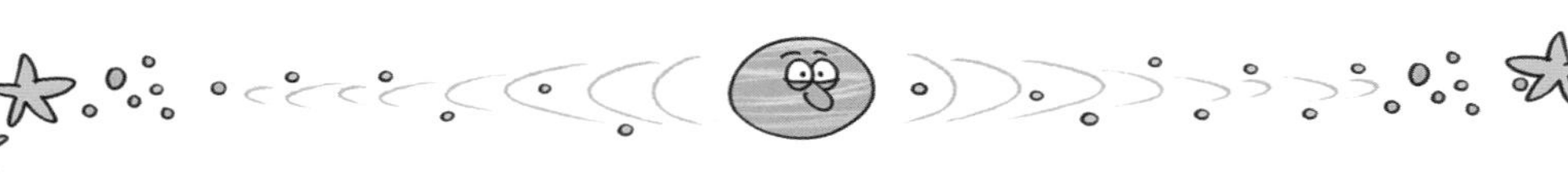

金星又是以谁的名字来命名的呢？

在古代的欧洲，人们观测到金星的时候，发现它十分美丽耀眼，因此给它起了神话中“美与爱的女神”的名字：维纳斯。此外，金星是一颗行星。

我们可以在金星上生活吗？

虽然金星看起来很美丽，但是它的大气中饱含硫酸。所以金星是绝对不适合人类生存的，另外，硫酸闻起来还有一股臭鸡蛋的味道。而且金星表面的温度可达 464℃！

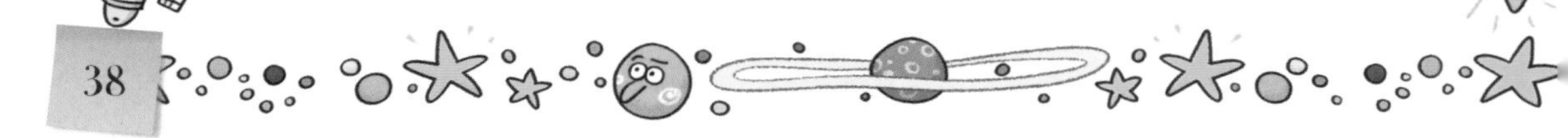

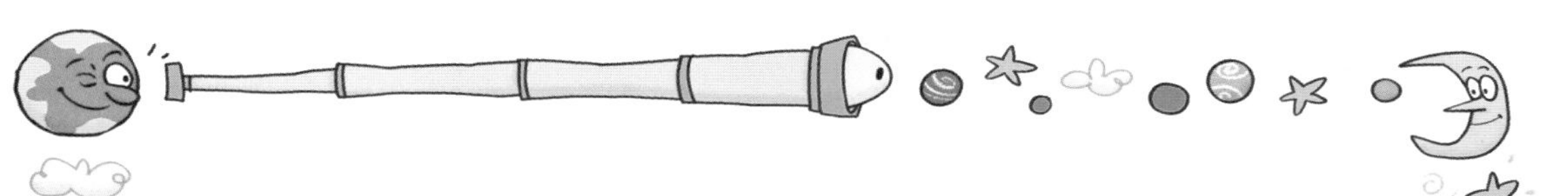

我们可以在夜空中看到金星吗？

金星是我们在夜幕降临之际可以观测到的星星之一。和月球一样，金星也反射太阳发出的光线，这也是我们总把金星错认为恒星的原因。此外，金星也是在黎明的天空中消失的最后一颗星星。

人类是否已经探索过金星了呢？

金星上至今还没有人类的足迹，不过人类已经向金星发射探测声波了，可金星离地球实在太远了。而且金星上的气压非常高，在它表面上的所有器械都会在 2 个小时内被气压碾压得粉碎。

地球有多大？

绕地球一圈大约有 4 万千米，这个是古希腊的埃拉托色尼首次计算地球的周长给出的数据。虽然埃拉托色尼是在公元前 3 世纪计算出地球周长的，但是这一数值和地球周长的准确值只相差几千米，这真是不可思议！

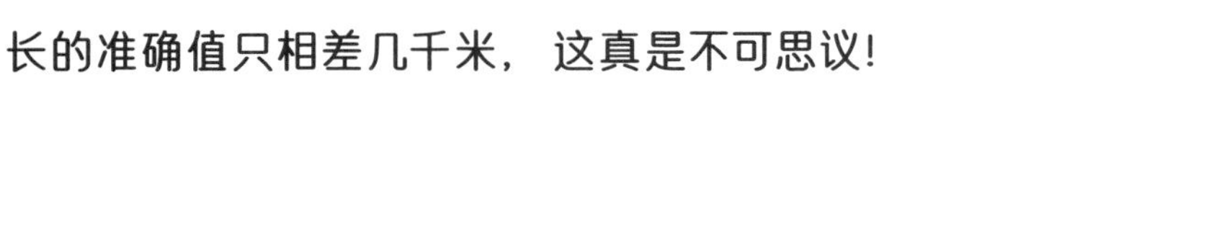

地球和太阳之间相距多远？

地球距离太阳约 14 960 万千米。这一数值对于科学家们来说十分重要，因为他们会把这个距离作为单位来测算其他星球之间的距离，这个单位被称为天文学单位。

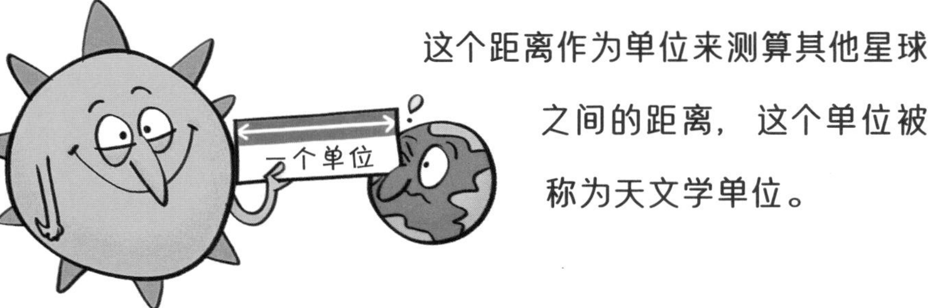

地球有多重？

今天，科学家们就地球质量一事达成了共识，地球大约有 6×10^{24} 千克，也就是60万亿亿吨。

为什么地球上可以存在生命呢？

一颗行星上存在生命的先决条件是液态水的存在。地球与太阳间的距离适中，这使得地球能够获得足够的热量来防止水结冰，并且不至于太热而让地球上的水都蒸发掉。另外，地球上还有大气层既可以为生物供氧，还可以来保护地球上的生物。

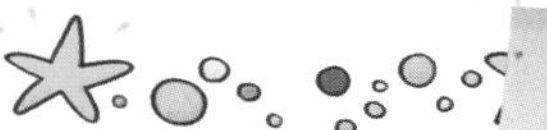

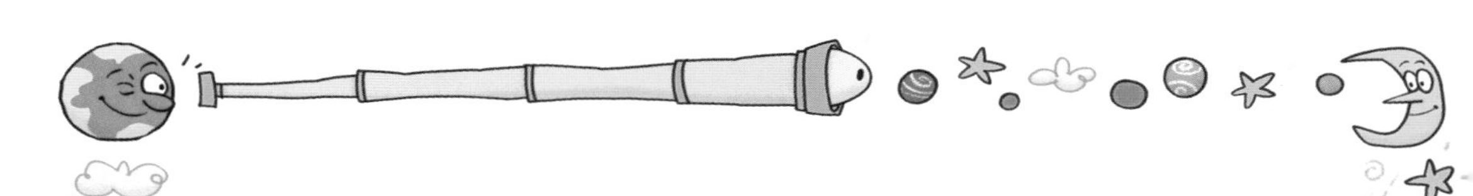

什么是天然卫星？

天然卫星是指围绕着行星旋转的天体。今天，人们一谈及卫星就会想起人造卫星，但实际上最初卫星就是指天然的天体。

太阳系的 8 颗行星都有它们自己的卫星吗？

行星并不一定都有自己的卫星。水星和金星就没有卫星。火星有 2 颗卫星，木星有 79 颗卫星。卫星们会比它们的行星更小一些，而且卫星也可以有它们自己的卫星！

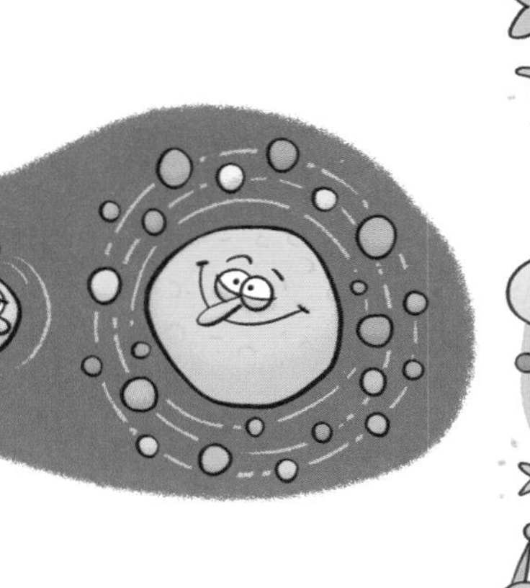

地球的卫星是哪一颗？

地球有一颗卫星，就是我们熟知的月球。月球围绕地球运行的公转周期是 27.32 天。

月球是如何诞生的？

现如今，天文学家们认为，月球是在地球和另一个小行星相撞时诞生的。小行星在撞击地球的过程中产生碎片，这些碎片飞散在太空之中，然后又重组，最终形成了月球。

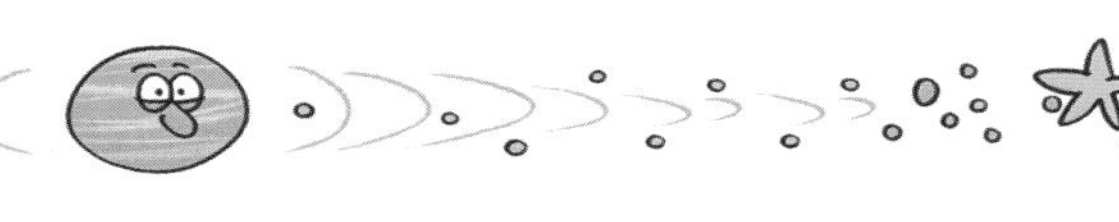

为什么火星是红色的呢？

火星的地表富含氧化铁，这些物质呈现出铁锈般的红色或是橙红色。

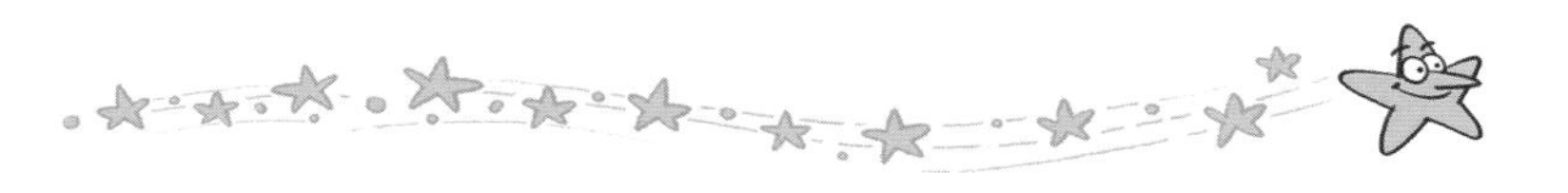

火星上真的存在季节吗？

地球“斜躺”在自己的运行轨道上，因此它在一年中的不同时期会接收到太阳发出的不同程度的光照和热量，从而形成四季变化。火星上也存在着类似的季节现象，因为火星的运行轨道也是倾斜的，所以它也拥有一年四季。

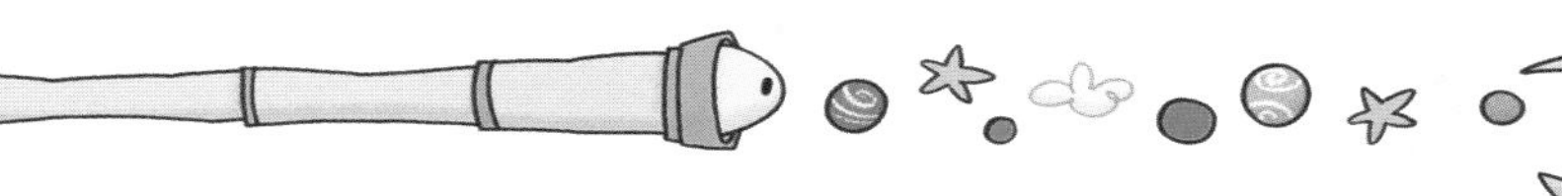

火星上存在生命吗？

科学家们几乎没有找到任何蛛丝马迹表明火星拥有生命存在的条件，也没有找到证据表明火星上存在着或者曾经存在过生命。我们大胆猜想即便是有生命存在，那也是微型生物。

火星上的一天是怎样的？

火星的一天时长是 24 小时 37 分钟，这和地球的一天几乎相同。也正是这一点让大家觉得火星和地球很像。但是，火星的一年长达 687 天，这大约相当于地球上两年的时间。

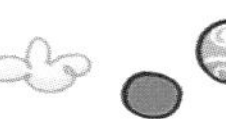

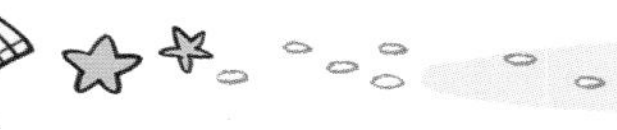

为什么木星会被命名为“朱庇特”？

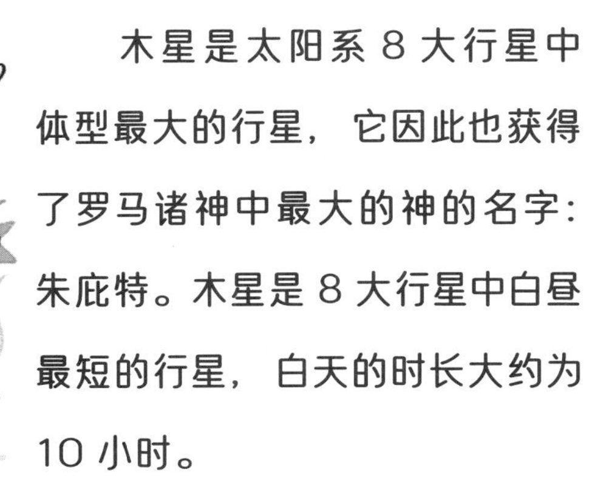

木星是太阳系 8 大行星中体型最大的行星，它因此也获得了罗马诸神中最大的神的名字：朱庇特。木星是 8 大行星中白昼最短的行星，白天的时长大约为 10 小时。

为什么木星上有一个红点？

木星上的红点其实是木星的风暴中心，这个风暴已经在木星上存在几百年了。它不仅能够移动，形状也会发生改变。

木星有自己的光环吗？

在 1979 年以前，人类还不知道木星光环的存在。在 1979 年，探测器首次拍下了木星光环。这个光环是由尘埃组成的，它的光亮很微弱，所以我们不容易观测到它。

木星的卫星叫什么？

木星大约有 79 颗天然卫星，其中有 4 颗体型特别大，它们的名字分别是：木卫一、木卫二、木卫三和木卫四。伽利略在 400 多年前首次发现了它们。

是谁最早发现土星光环的?

土星的光环早在 1610 年就被发现了，当然，发现它的人还是天文学家伽利略！对，依旧是他。他是通过他的天文望远镜发现土星光环的。

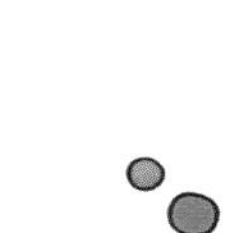

土星有多少个光环?

在很长一段时间内，大家都普遍认为土星只有 3 个光环。但是从 1969 年开始，土星的第 4 个光环不断地被人们发现。事实上，土星的大光环也是由许多更为细小的小光环构成的。

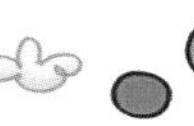

土星光环是由什么组成的？

土星的光环是由尘埃、岩石还有冰块组成的。正是其中的冰块反射出了太阳光，才使得土星的光环闪闪发光。

土星围绕太阳公转的周期有多长？

土星上一年的时长相当于地球的 29 年零 166 天。事实上，土星距离太阳有 1.4×10^{8} 千米，那么土星围绕太阳公转完整一周也就需要更多时间了。

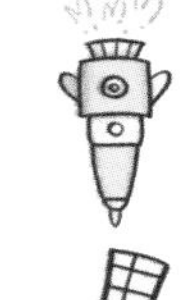

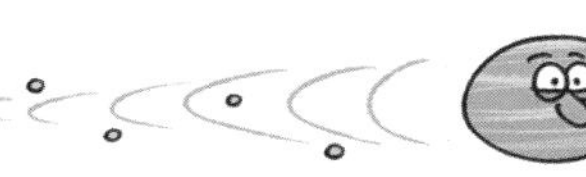

土星上的气候是怎样的？

土星上的气候并不炎热，因为它离太阳非常遥远。土星表面最外层的气体是最冷的，温度在 −200℃~ −140℃之间。越靠近土星的核心，气温就越高。

我们可以在土星上着陆吗？

土星是一颗气态行星，所以我们不能在土星上着陆并进行勘探，我们也无法在土星上定居。但是，科学家们认为土星的核心是固态的，它由金属构成。

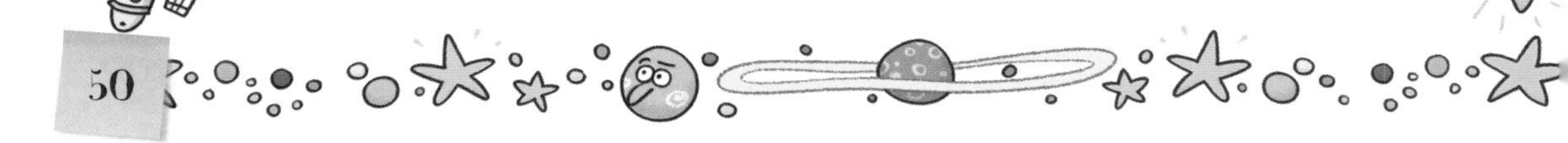

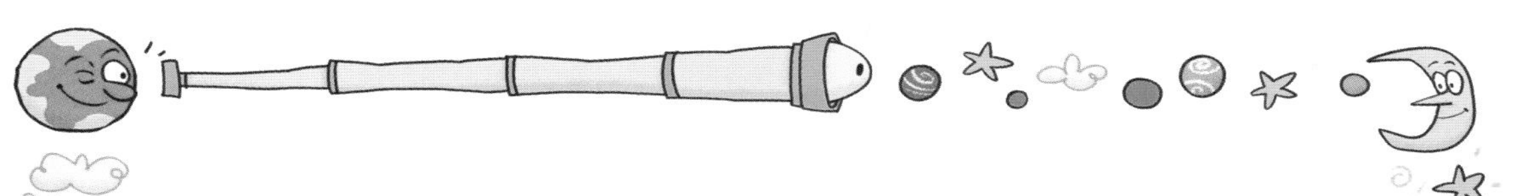

天王星有什么特别之处吗？

天王星上面的大气倾斜得十分厉害！天王星和天王星轴所呈的角度超过了90°。所以，当我们观察天王星的时候，会发现它的光环看起来似乎和星体相垂直。相比之下，其他行星的光环几乎是与它们的行星轴相平行的。

为什么天王星是倾斜的？

科学家们认为，天王星曾被其他天体撞击过，受到撞击以后，天王星就失去平衡了，并且这个相撞事件发生在很久很久以前，是在太阳系诞生的时候。

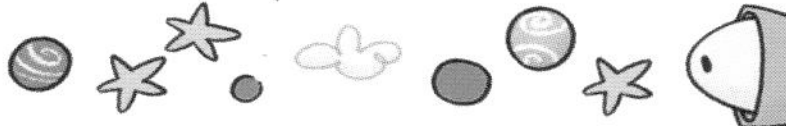

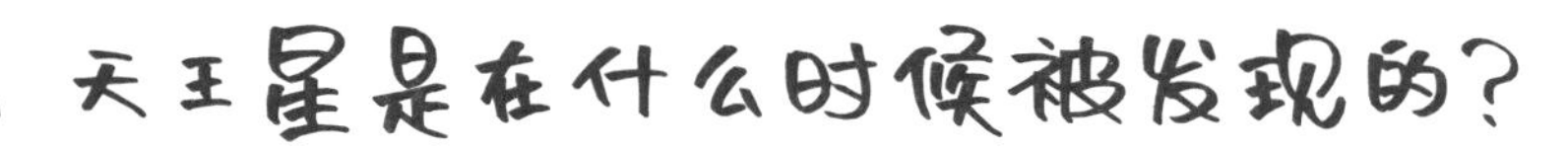

天王星是在什么时候被发现的?

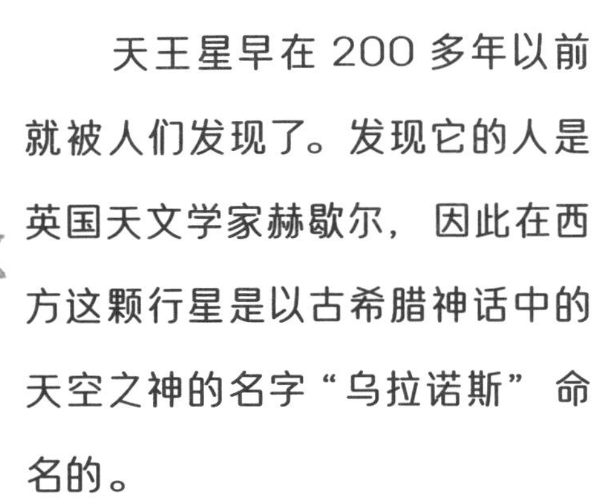

天王星早在 200 多年以前就被人们发现了。发现它的人是英国天文学家赫歇尔，因此在西方这颗行星是以古希腊神话中的天空之神的名字“乌拉诺斯”命名的。

天王星上的一天是怎样的?

天王星的自转周期约为 17 小时，只不过它的星体是完全倾斜的，在 42 年内，它面向太阳的一面保持不变。天王星两极的白天和夜晚的时长都相当于地球时间的 42 年，这真的好漫长呀!

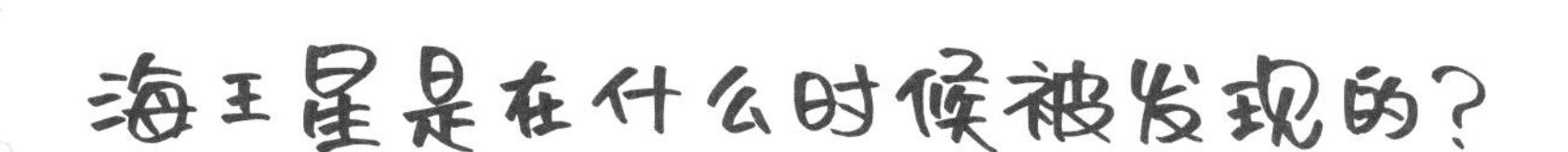

海王星是在什么时候被发现的？

1846 年。天文学家们在研究天王星的时候，发现它的轨道有些奇怪，他们觉得这可能是因为在它周围还存在着我们肉眼无法观察到的行星。之后不久，他们就发现了海王星。

为什么海王星是蓝色的？

海王星外部的大气含有甲烷，正是这一成分使得海王星看起来是蓝色的。我们观测到海王星的表面存在着一些阴影点，这些阴影点就是海王星上的风暴。那里的风速可达每小时 2 000 千米，是太阳系里风速最快的风暴了。

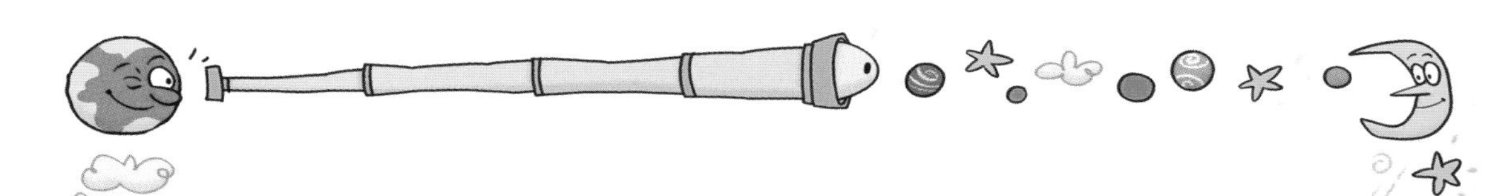

在太阳系中还有可能存在其他的星球吗？

在很长一段时间内，大家都认为太阳系存在9大行星，第9大行星的名字叫作冥王星。但是最近的科学研究将冥王星定义为矮行星，而不是行星。

矮行星是什么呢？

就像“矮行星”这个名字所指的一样，矮行星就是一颗很小的行星。和其他的行星一样，矮行星是圆形的，它也绕着太阳公转。与其他“真行星”不同的是，它的运行轨道上还有其他的天体。

我们对矮行星的了解有多少？

如今，我们一共发现了 7 颗矮行星，他们的名字分别是：冥王星、卡戎星、阋神星、谷神星、妊神星、鸟神星、共工星。科学家们认为，在以后的日子里会有更多其他的矮行星被发现。

系外行星是什么呢？

系外行星是不绕太阳公转，但是围绕着另一颗恒星公转的行星。截至 2020 年，我们已经发现了4 200 颗系外行星。现在，几乎每 2 ~ 3 天我们就能够发现一颗新的太阳系系外行星。

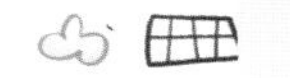

宇宙中还会诞生新的行星吗？

大多数恒星的年龄都很大，它们的周围有很多行星围绕着它们公转。尽管如此，我们还是能够观测到，在非常年轻的恒星周围会诞生新的行星。

行星会在将来的某一天死去吗？

和生命有限的恒星不同，行星是不会死亡的。但恒星在衰老的过程中会吞没它们的行星，它们会将自己周围的一切燃烧殆尽，最后膨胀，转化为巨星。

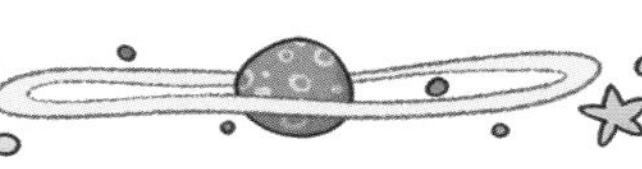

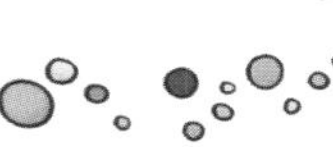
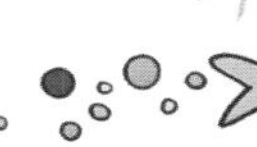

空间探索
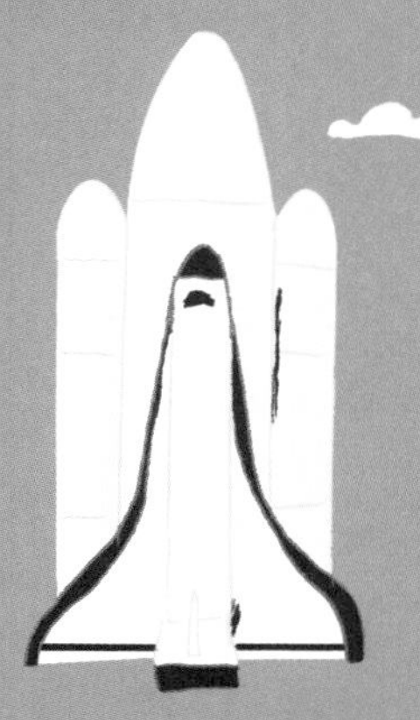

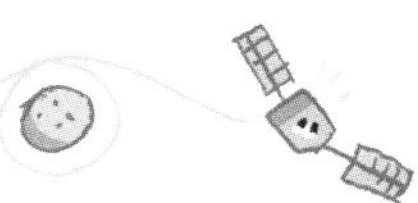

哪些科学家在研究宇宙？

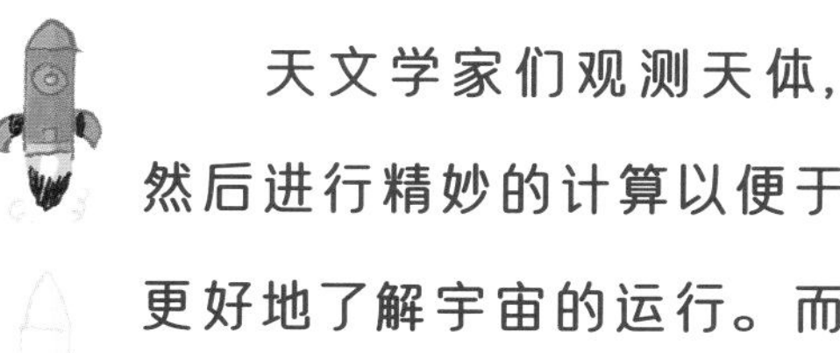

天文学家们观测天体，然后进行精妙的计算以便于更好地了解宇宙的运行。而宇宙学家们则一直专注于研究宇宙诞生的问题。

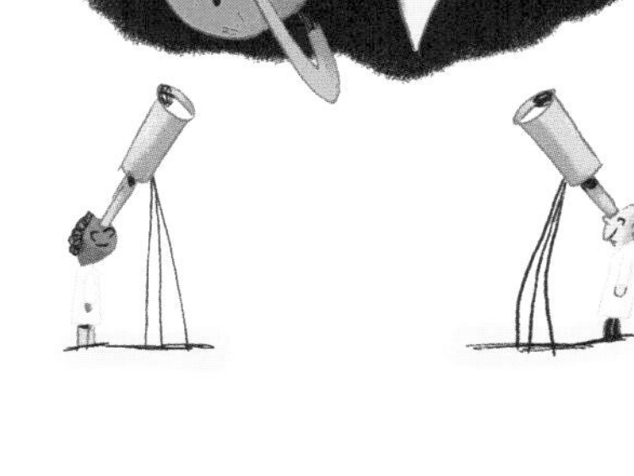

人类是从什么时候开始研究宇宙的？

当然是从人类抬头仰望头顶的这片天空的那一刻开始的！有迹象表明，早期的人类就已经开始研究天体及天体在星空中的位置了。在那个时候，人们认为地球是扁平的。

什么是航天员？

航天员是以太空飞行为职业的人。中国第一位进入太空的航天员是杨利伟。

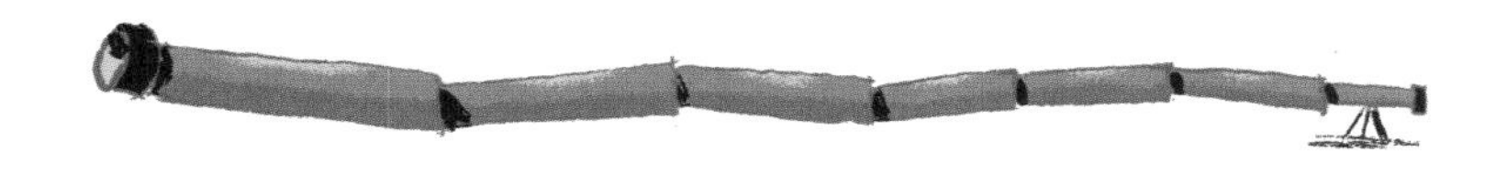

天文学家和航天员有什么不同之处？

天文学家是在地球上通过计算等方式来研究宇宙的科学家，他们也通过天文望远镜观测宇宙。而航天员则能亲身遨游于太空。

宇宙究竟有多大？

大家对于这个问题从来没有达成过共识。一些人认为宇宙是没有边际的，而另一些人则觉得宇宙是有边际的。宇宙到底有多大呢？没有人知道答案，因为宇宙每天都在膨胀，而且我们可以看见的也只是宇宙很小的一部分。

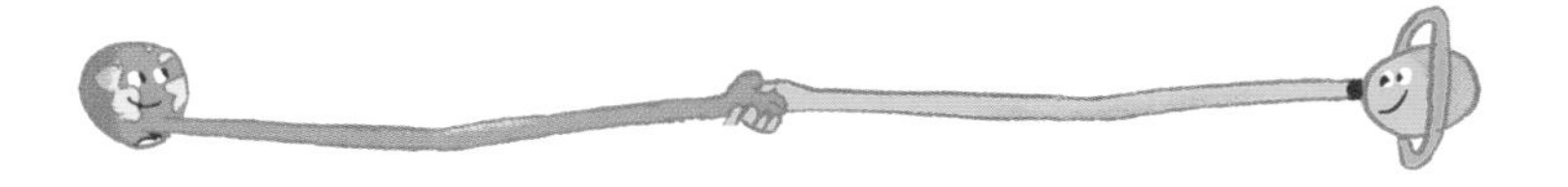

我们怎样来测量宇宙中的距离？

如果以“千米”为单位来测量宇宙中的距离的话，那我们就会得到一串串读也读不完的数字。所以，天文学家们就以“光年”为单位来测量宇宙中的距离。“光年”就是光在 1 年的时间里可以穿过的距离。1 光年约等于 94 610 亿千米!

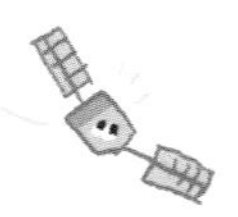

我们通过什么工具来观察太空呢？

如果我们想要更精确地观测太空，肉眼是不够用的。因此，我们就需要用配备有特殊镜片的天文望远镜来观测天空，这些镜片组合起来就像放大镜一样，可以将遥远的光聚集到我们面前。

世界上最大的天文望远镜是哪一个？

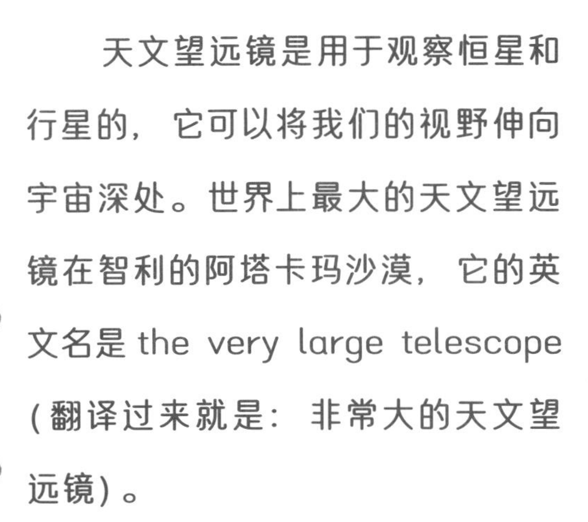

天文望远镜是用于观察恒星和行星的，它可以将我们的视野伸向宇宙深处。世界上最大的天文望远镜在智利的阿塔卡玛沙漠，它的英文名是 the very large telescope（翻译过来就是：非常大的天文望远镜）。

我们应该在哪里观测太空呢？

天气越是清朗，观测太空就越容易。因此，我们应该在远离人造灯光和城市污染的地方观测太空。这样看来，沙漠就是非常理想的观测地点，例如智利的阿拉嘉玛沙漠！

什么是“哈勃”？

天文望远镜有地面望远镜和空间望远镜之分。哈勃空间望远镜曾是最大的空间望远镜。从1990年开始，哈勃空间望远镜就围绕着地球旋转，它拍摄了很多太空的照片，这些照片可以帮助我们破译更多太空的奥秘。

哈勃不运转的时候，我们用什么观测太空呢？

2021 年，哈勃空间望远镜停止了运转，代替它工作的太空望远镜已经被发射到空中啦，它的名字是詹姆斯·韦伯空间望远镜。此外，“中国天眼”（FAST）也是一个天文望远镜，我们也可以用它来观测太空。

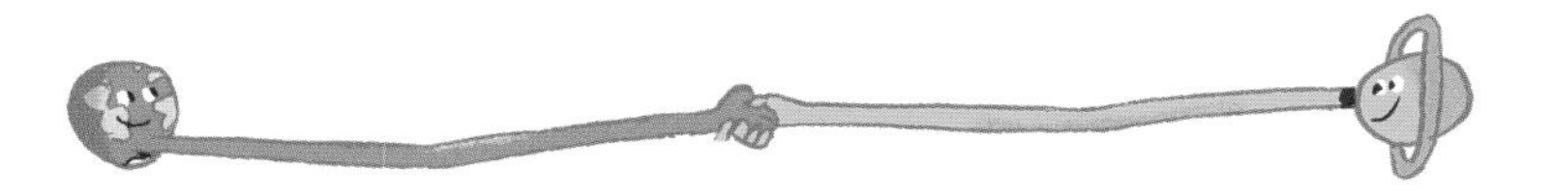

在宇宙中，我们的视野最远可以到达哪里？

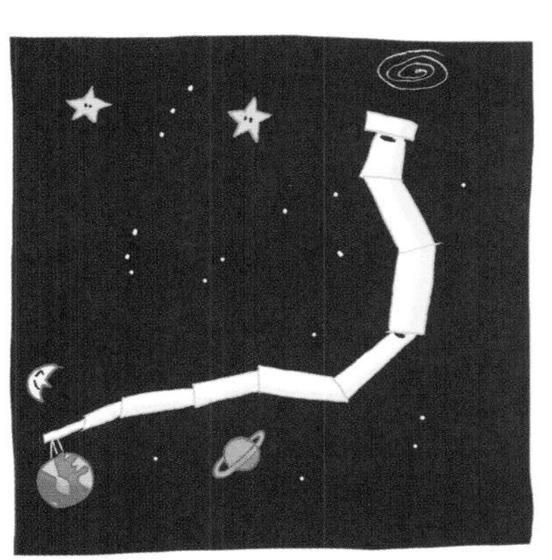

人类肉眼可及的最远的地方是距离地球 250 万光年的仙女座。如果借助新型的望远镜，我们可以看到距离地球 135 亿光年的星系。

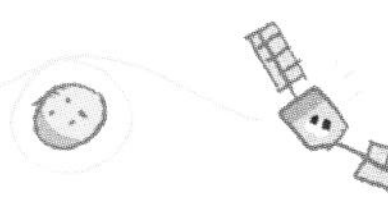

人类是从什么时候开始想要进入太空的？

人类第一次进入太空的尝试发生在14世纪的中国，一个名叫万户的人坐在一把配备有47个火箭发射器的椅子上，想要进入太空。遗憾的是，这个木质的“太空飞船”在空中飞了一小会儿以后竟然爆炸了。

我们是否已经穿越了银河系？

其实，走出太阳系对于人类来说就已经是一个十分漫长的过程了，所以走出银河系对于今天的人类来说几乎是一项不可能完成的任务。目前，人类只是通过声波穿越过几十亿千米的路程，而这段距离还远不及1光年的路程呢！

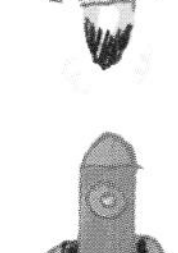

航天科学是指什么？

设计一艘航天飞船，然后将它发射到远离地表的太空之中，并不是一件简单的事情。最顶尖的航天科学家们就致力于这项事业。而航空科学家们则专注于大气层内飞行器的研究。

是谁第一个想到要制造火箭？

最早的火箭不是用于前往太空的，而是用于打击敌人的。第一架多级火箭是由俄国人康斯坦丁·齐奥尔科夫斯基构思出来的，但是这架想象中的火箭并没有被真正建造出来。

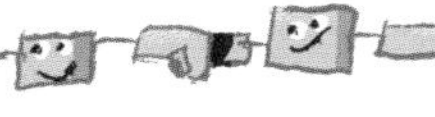

什么是人造卫星？

由人类自己发射的、环绕着地球运动的飞行器就是人造卫星。其中的一些用于预报天气，还有一些用于电话通讯、电视、全球定位系统的运转。

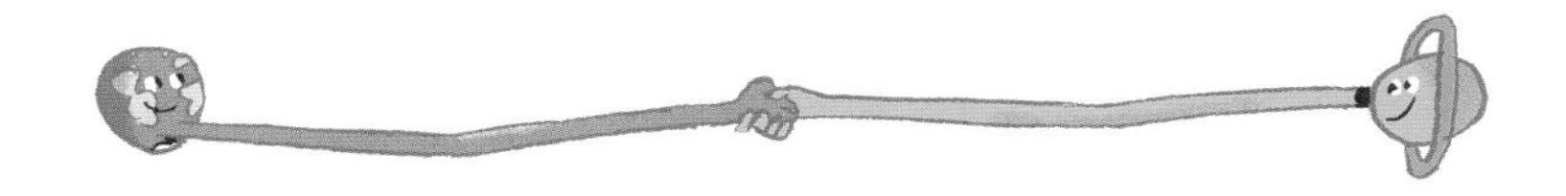

轨道运行是什么意思？

轨道运行指一直按照同样的轨道围绕着一个天体的运行。因此，地球是太阳的轨道运行行星，月球是地球的轨道运行行星。轨道运行行星的运行机制和人造卫星的运行机制是一样的。

人类历史上第一颗人造卫星是哪一颗？

俄罗斯人首次实现了人类将人造卫星发射入太空的愿望。这颗人造卫星是在 1957 年 10 月 4 日被发射到太空的。那么它主要是用来做什么的呢？它主要用于获取高层大气密度、无线电电离层传输等方面测量数据。发射这颗人造卫星不仅是为了满足俄罗斯人自己的虚荣心，也是为了让当时的美国对其感到害怕！

地球周围存在着多少人造卫星？

到 2021 年为止，地球上共有 6542 颗人造卫星。现如今，由于有一些人造卫星的体型微小，所以我们可以一次性往同一个运行轨道上发射几十颗人造卫星，并让这些卫星在同一个运行轨道上保持运转。咦？地球的上空是从什么时候开始被堵得水泄不通的呢？

太空被污染了吗？

地球周围可不仅仅漂浮着人造卫星，还漂浮着火箭的残留物及损坏的人造卫星碎片，有时候，我们甚至还可以找到航天员在执行太空任务的时候不小心丢失的工具。

两颗人造卫星有可能在太空中相撞吗？

人造卫星的运行轨道都经过精密的计算，以防止它与其他人造卫星的运行轨道相交叉。但随着人造卫星数量的增多，卫星们相撞的可能性也随之增加了。航天员进入太空时，也需要十分小心，以避免被太空中的飞行物撞到。

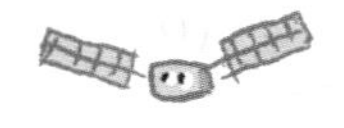

谁是第一个太空旅行者？

首次实现太空旅行的是一只狗狗！更准确地说，它是一只来自俄罗斯小母狗，它的名字叫莱卡。但是可怜的莱卡并没有在这次极限之旅中存活下来，它在太空中飞行了大约 5 个小时以后就去世了。

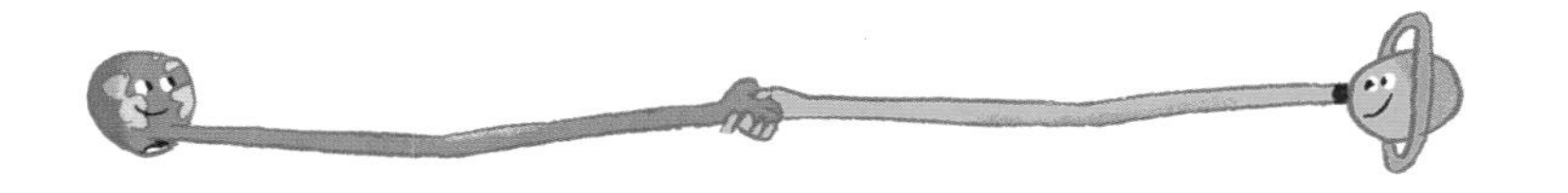

首次进入太空的人类是谁？

1961 年 4 月 12 日，俄罗斯宇航员尤里·加加林乘着一个太空舱围绕着地球转了一圈，这次环绕地球的飞行总共用了不到两个小时。两年以后，一位女性进入太空，这位女性也是俄罗斯宇航员，她的名字叫瓦伦蒂娜·捷列什科娃。

   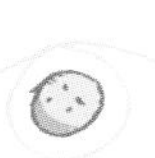 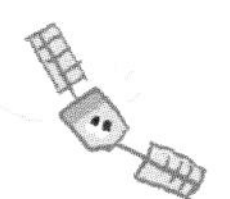 

人类是在什么时候开始漫步月球的？

1969 年 7 月 21 日，人类首次在月球上漫步的画面被放在电视上直播，这位漫步月球的男子名叫尼尔·阿姆斯特朗，他是美国宇航员。

人类往返月球几次了？

在 1969 ~ 1972 年之间，人类一共登月 6 次。在执行登月任务的过程中，12 位男性完成了在月球上行走的任务。在这段时间内完成登月任务的全是美国宇航员，其他国家并没有将自己国家的宇航员送上月球。

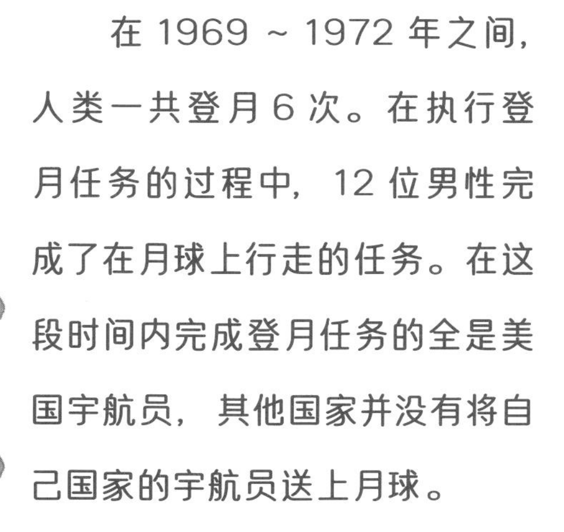

为什么我们可以在月球上跳得这么高？

这是由引力决定的。我们在地球上是被地球吸引在地表上的，但是在月球上，这个力相对于我们在地球上受到的引力来说显得更为微弱。一个人在月球上的重量是在地球上的 1/6，所以人在月球上行走的时候就好像在飞！

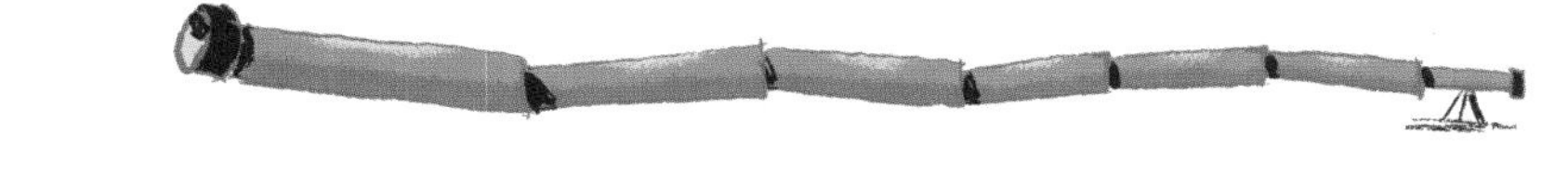

人类从地球飞到月球需要花多长时间？

月球距离地球约 384 400 千米，穿越这段距离，人类曾经耗时约 3 天。如果我们能够以光速前行的话，那大约只需要 1 秒钟就可以从地球飞到月球了！

为什么人类不再登陆月球了？

其实人类从来没有停止过“月球旅行”的步伐，人类经常向月球发射飞行器和探测仪来研究月球。但是自1972年之后，人类再也没有登上过月球了，因为人类登陆月球的任务风险太高，而且需要花费太多的财力。尽管如此，人类依然计划着再次造访月球。

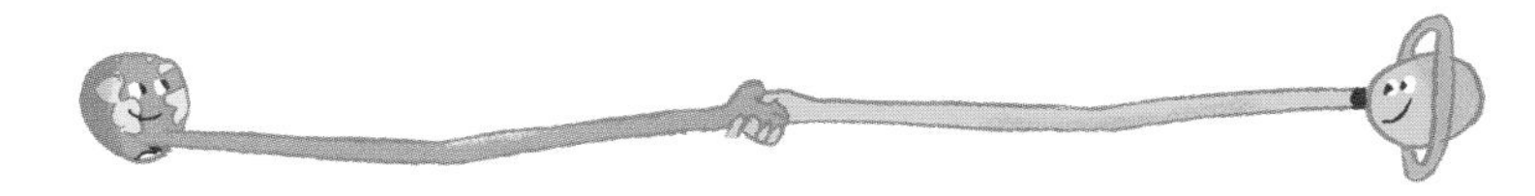

失重状态是什么意思？

空间里面的物体会相互吸引，当一个物体不再被另一个物体吸引的时候，它就处于失重状态。在失重的状态下，一切都是漂浮于空中的，人们行走或者睡觉都变得像玩游戏一样。

航天飞机和火箭有什么区别？

火箭是用于搭载人造卫星或者航天飞机进入太空的。它起着搭载器的作用，而且它是一次性的工具，无法回收。

是否发生过太空事故呢？

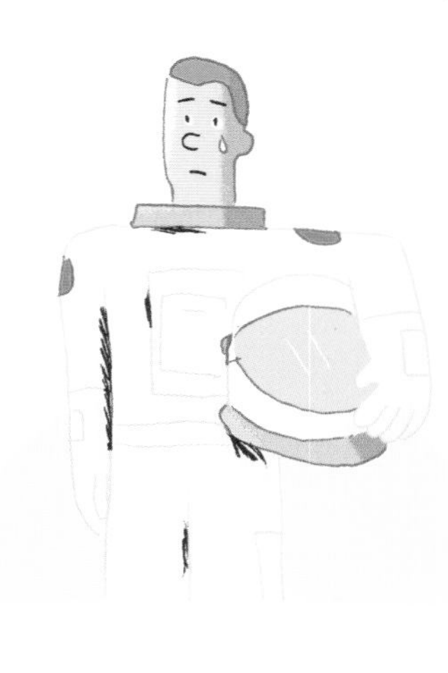

在太空中旅行是有风险的。1986 年，美国挑战者号航天飞机在起飞的过程中爆炸，造成 7 名宇航员死亡。2003 年，美国哥伦比亚号航天飞机在返回地球的过程中爆炸解体，其中搭载的 7 名航天员也全部遇难。

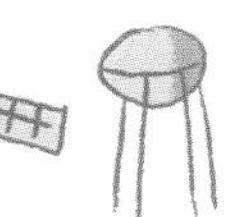

中国的第一型运载火箭叫什么?

长征一号（CZ–1）是为发射中国第一颗人造卫星而研制的三级运载火箭，1970 年 4 月 24 日，它将中国第一颗人造卫星——东方红一号成功送入太空。

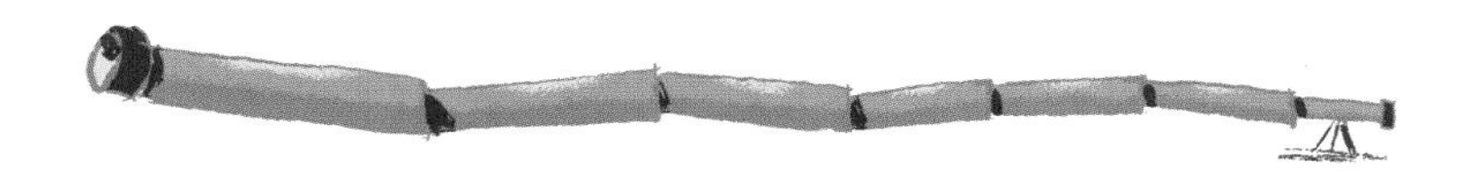

什么是国际空间站?

人类已经设计出了一个可以环绕地球运转的地外独立空间，这个空间是为了人类可以进行太空研究而修建的。国际空间站（ISS）是由很大的管子和人造卫星首尾相接而形成的空间漂浮建筑。

中国有自己的空间站吗？

中国已经建造自己的空间站了，名叫“天宫空间站”，已在2022年完成建造并投入使用。

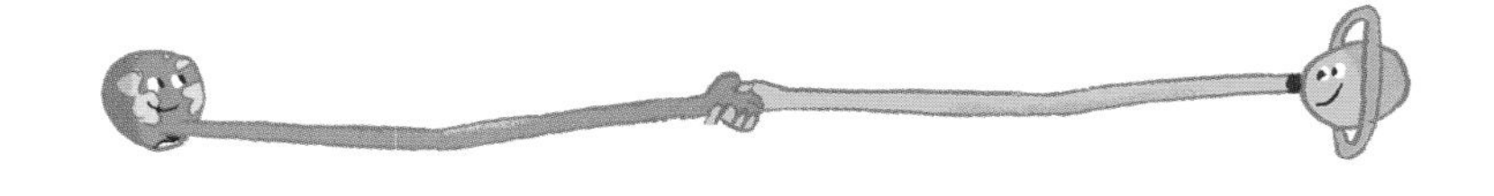

为什么航天员在进入太空的时候需要穿宇航服？

有时候航天员需要走出太空舱执行修理任务或者实验任务。由于在太空中没有氧气，所以航天员必须穿上宇航服来保证供氧。此外，宇航服也可以保护航天员免受太阳射线以及极端气温的侵袭。

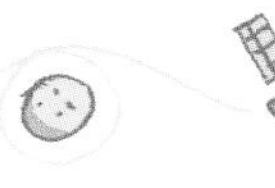

“机器宇航员 2 号”是谁？

2011 年 2 月，国际空间站迎来了一位与众不同的乘客：机器宇航员 2 号，它能够帮助人类航天员维持空间站运行。

“西蒙 2 号”是谁？它的功能又是什么呢？

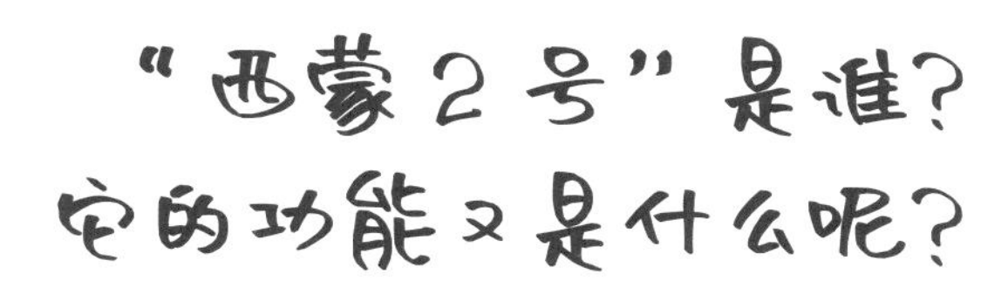

西蒙 2 号的外形看起来就像一个配备了屏幕的大球。它是漂浮在国际空间站周围的中枢飞行器，配备了人工智能系统，可以进行计算、储存数据，以及和航天员交流。

到目前为止，人类登上过哪些行星？

除了地球以外，人类目前还没有登上过其他的行星，因为地球与其他行星的距离远到我们无法全面了解它们。不过，人类经常向其他的行星发射探测器来代替人类勘测它们。

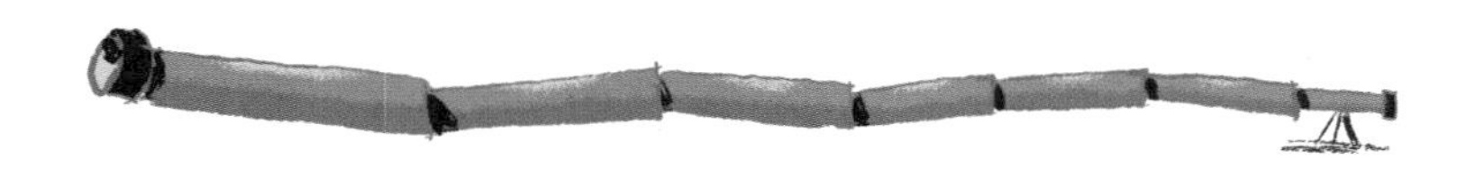

行星们是属于谁的呢？

从冲出大气层的那一刻开始，人类所面对的任何一寸空间都不属于任何人。

“Rover”是什么呢？

在英语里，“Rover”指的是“流浪者”。因此，我们把在行星、卫星、小行星、彗星表层的用于近距离研究这些天体的远程控制飞行器统称为“Rover”。

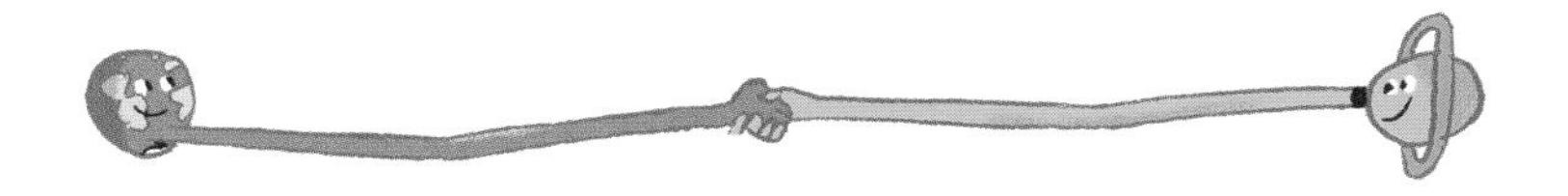

“Rover”是干什么的呢？

“Rover”上配备了各种各样的仪器，它可以拍摄它所围绕的天体的表面，测量那些天体表面的气温，分析那些天体表面大气的组成，分析行星的土壤。它有时甚至可以采集岩石的碎块。

探测器是什么？

探测器主要用于研究和探索宇宙深处的奥秘。它可以飞越过一个天体，它也可以围绕着一个天体运行。此外，它还可以向太空发射其他器械，比如说“Rover”。

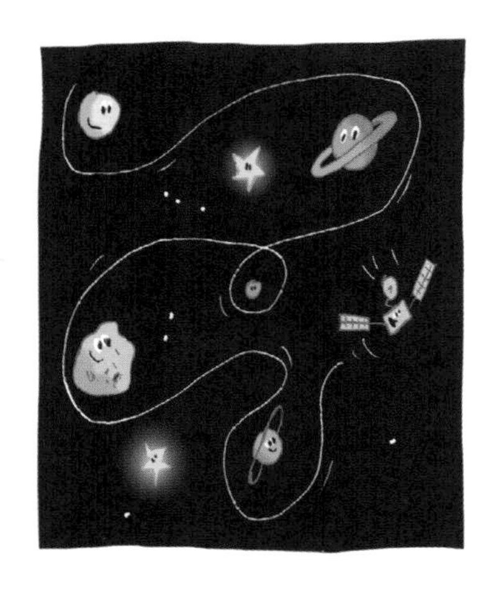

探测器可以停靠在哪些星球上呢？

探测器自身其实并不需要停靠在某一个地方，甚至它还可以运输那些已经停靠在不同行星上的器械。人类发射探测器最多的星球是火星和月球。

人类在什么时候会登上火星呢?

中国目前计划在 2033 年载人登陆火星，那将会是一个振奋人心的时刻!

从地球去一趟火星需要花多长时间呢?

首先，在每 26 个月里，只有 1 个月是可以从地球出发前往火星的，因为只有这样才可以抓住地球与火星之间相距最近的时间点。其次，这一段旅程所花费的时长也会根据飞行器马力的大小，从 3 个月到 6 个月不等。

我们在未来的某一天可以去火星生活吗？

其实人类已经非常严肃且认真地思考过这个问题了，人类在寻求在火星上制造氧气的方法，也试图在火星上寻找水源。但是到目前为止，我们要想在火星上漫步仍然需要穿着宇航服。

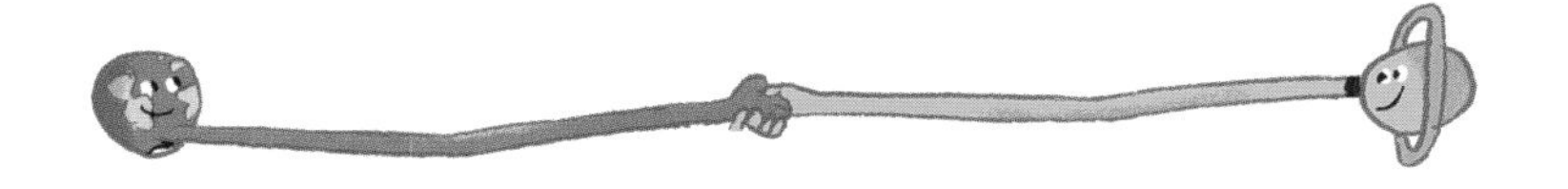

我们可以在其他的行星上生活吗？

为什么不呢？人类从未停止过寻找其他适宜生存的行星。但如果要找到一颗这样的星球，我们需要把视野拓展到太阳系以外的其他星系。

太空中存在生命的条件有哪些？

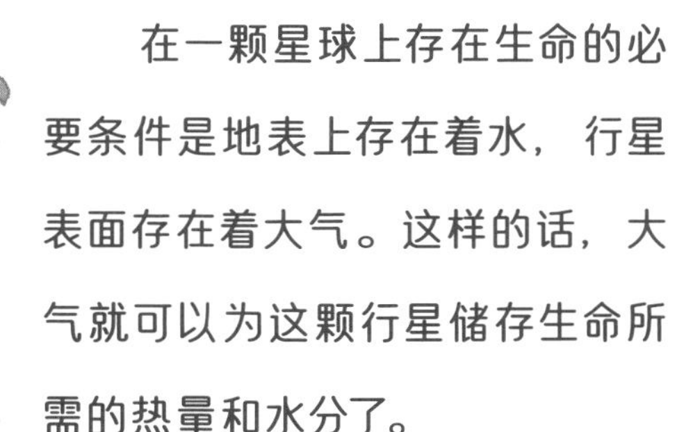

在一颗星球上存在生命的必要条件是地表上存在着水，行星表面存在着大气。这样的话，大气就可以为这颗行星储存生命所需的热量和水分了。

太空旅行存在吗？

太空旅行可以分为两类：一类是旅客们在地表上空 100 千米以外的地方飞行，体验失重现象；另一类是旅客们在国际空间站体验几天太空生活。

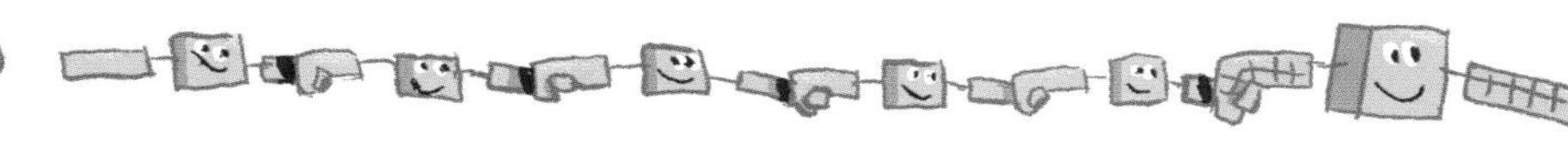

进行太空旅行需要满足哪些条件呢？

为了能够进入太空，旅客们需要进行很长时间的训练。同时，进行太空旅行还需要拥有雄厚的财力，因为一次旅行需要花费 200 万~ 350 万美金!

有多少旅客曾到过国际空间站呢？

到过国际空间站的旅客一共有 8 位，其中 1 位是女性。但从 2009 年开始，国际空间站就不再接待太空旅客了。此后的太空旅客可能会进行绕月旅行。

宇宙的奥秘

宇宙是什么时候形成的?

根据科学家们的计算，宇宙大约是在137亿年以前形成的，而且早期的宇宙非常荒凉，经历了几百亿年的时间才发展成现在这样。

宇宙大爆炸是怎样发生的?

在最初始的时候，宇宙只有一个针尖那么大。在某一刻，这个集所有物质于一体的针尖爆炸了，针尖里面的物质也随之分散开来。就这样，无尽的宇宙诞生了。

宇宙是真的在长大吗？

这是一个经过天文学家们确认的现象：从宇宙存在的那一刻起，宇宙就在不断膨胀，它的边际在不断扩张。这也解释了我们为什么不能很准确地测算出宇宙的大小。

宇宙会在未来的某一天消失吗？

一些人认为宇宙会慢慢湮灭。而另一些人则认为，宇宙会在未来的某一天停止膨胀，然后逐步收缩，最后一切都复归到最原始的那个针尖的状态，那也将会是一次非常剧烈的大收缩吧！

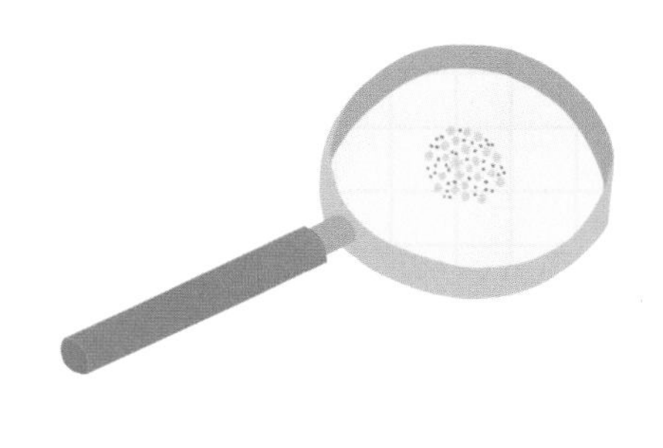

我们的宇宙是唯一的宇宙吗？

在我们的宇宙之外是否存在着其他的宇宙呢？这个问题困扰着许多科学家。很多人都认为在我们的宇宙之外是存在着其他的宇宙的，但是并没有任何证据可以证明这个说法。

什么是多元宇宙？

就像它的名字那样，多元宇宙是所有可能存在的宇宙的总称，但是目前并没有任何证据可以证明多元宇宙是真实存在的。到现在为止，多元宇宙只在科幻小说里出现过！

宇宙是什么形状的？

科学家们对这个问题也一直充满好奇，但是目前没有任何人知道宇宙的形状。宇宙是球状的？至少它不是弯曲的？宇宙是否是扁平状的呢？没有人知道真正的答案。

什么是“黄金比例”？

科学家们发现，有一个比例在我们的世界里以及在宇宙中经常出现，这个比值可以解释万物显得和谐的原因。我们称之为“黄金比例”，它的数值是 0.618。

什么是万有引力定律？

所有的天体对其他的物体都有一股吸引力。太阳也正在使用自身的这股力量吸引着周围的行星，并让这些行星与它保持着一定的距离围绕着它转。这股吸引力就是万有引力。

是谁发现了万有引力定律呢？

英国人艾萨克·牛顿在果园里观察苹果落地的时候发现了地球引力，这次发现也解释了万有引力的存在。正是因为地球对我们有引力，所以我们在地球上才不会飞起来，而是贴着地面走。

宇宙中的黑洞真的是一个洞吗？

宇宙中的天体是相互吸引的，其中的一些比其他的天体拥有更强的吸引力，这些具有强大吸引力的天体甚至可以把光吸入其中。它们看起来就像一口深不见底的黑井。

银河系中是否存在着黑洞？

人们普遍认为每一个星系的中心都存在着一个黑洞。这个星系越大，那么这个星系中的黑洞也就越大。此外，在某些恒星爆炸以后也会形成一些看上去很小的黑洞。

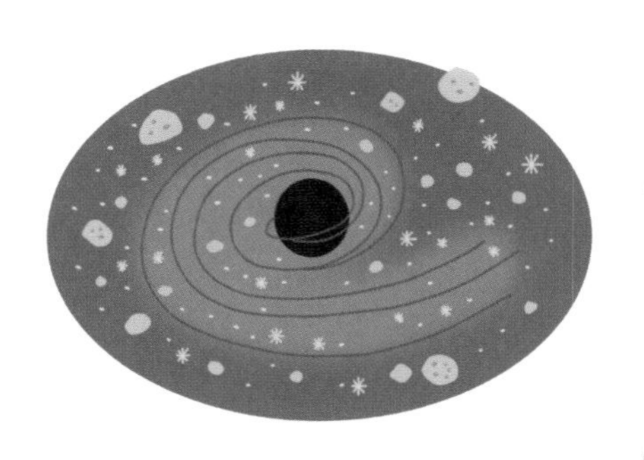

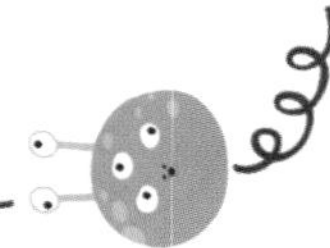

我们可以进入黑洞吗？

理论上，人们觉得这是可行的！但我们还是需要至少成功进入黑洞一次，才可以证明黑洞真实存在，可是黑洞离我们实在是太遥远了，想搞清楚黑洞里面到底有什么，还需要花费相当长的时间。

我们是否已经拍摄到黑洞了？

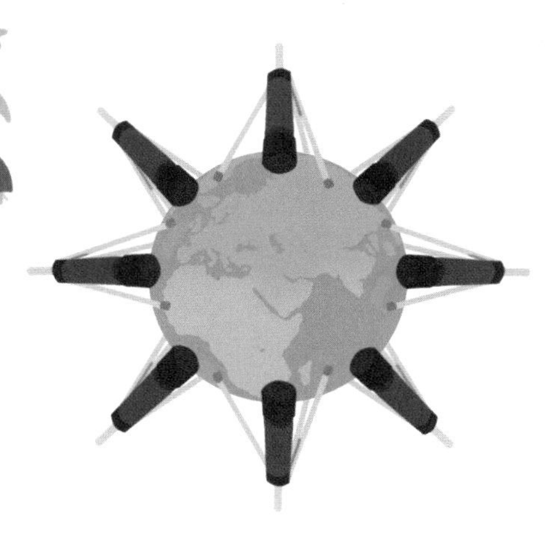

2019 年 4 月 10 日，天文学家们向公众揭秘了他们的发现：他们成功拍摄到了黑洞的照片。为了成功地拍摄到这个黑洞，科学家们不仅动用了分布在地球上的 8 台天文望远镜，还花费了 2 年的时间来分析所得的数据。

什么是自由漂浮的行星？

理论上，行星是围绕着一颗恒星公转的。但天文学家们发现，在宇宙中存在着自由“漂浮”的行星，它们看上去并没有被一颗恒星吸引着公转。

什么是球状星团？

球状星团是一个巨型的恒星聚集体，内部有着数万甚至上百万颗恒星。球状星团位于宇宙的某处，形成一块闪闪发光的区域。

什么是天体？

所有可以在太空中被观察到的物体都能被称为天体。它可以是一颗星星，也可以是一个星系，或者是一个星座，它甚至还可以是一个球状星团。

什么是斥候星？

2017年10月，天文学家们观察到宇宙中存在着一个雪茄状的奇特天体。一些人觉得这是一个外星飞行器，最后大家才发现它是一颗小行星——斥候星。

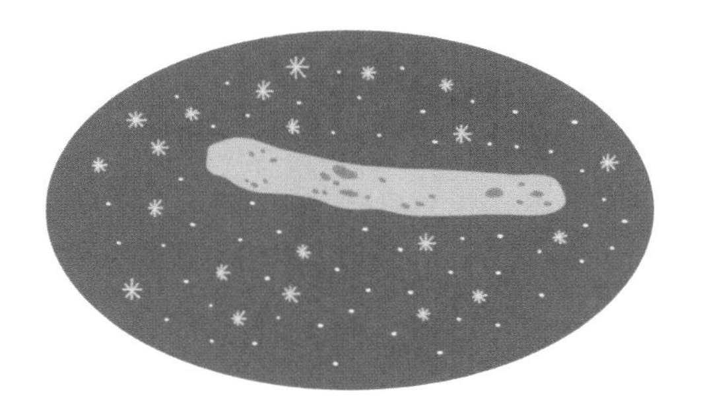

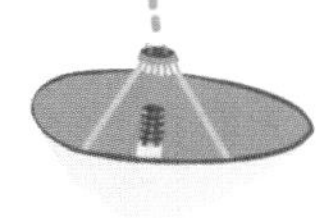

什么是脉冲星？

一颗恒星爆炸之后会剩下一个密度很高的核，它会像陀螺一样自转，也会发光。这个核被称为脉冲星，它的自转速度可以达到每秒 1 000 转。

什么是类星体？

类星体是一个很像恒星，但实际并不是恒星的天体。它比恒星离我们更遥远，它的能量也比恒星更大。

什么是星云？

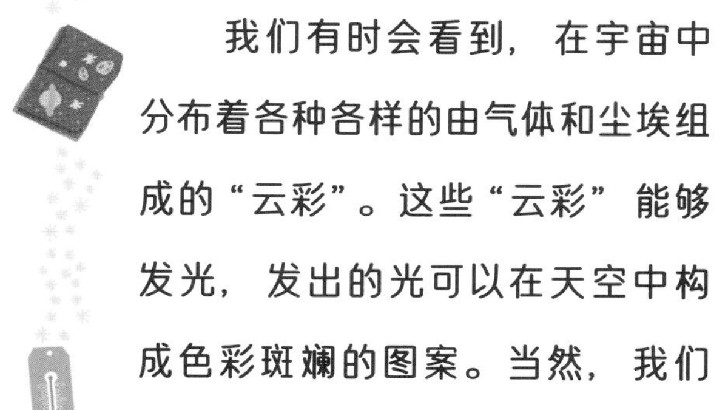

我们有时会看到，在宇宙中分布着各种各样的由气体和尘埃组成的“云彩”。这些“云彩”能够发光，发出的光可以在天空中构成色彩斑斓的图案。当然，我们只有通过天文望远镜才能观测到这些图案。

什么是宇宙射线？

宇宙射线其实并不是射线，它是由散布在宇宙之中的能量粒子构成的。一些宇宙射线靠近地球时会爆炸，还有一些宇宙射线则会溜进大气层在夜晚形成美丽的极光。

宇宙射线具有危险性吗？

人类不用担心宇宙射线会给我们带来危害，因为地球上有大气层保护着我们。但是在真空的宇宙环境之中，宇宙射线是具有危险性的，因此，航天员们在太空中执行出仓任务时，需要穿戴上具有很强保护力的宇航服。

什么是太阳风暴？

当太阳表面产生了很强烈的耀斑时，有一部分能量会喷向地球，这就是吹向地球的太阳风暴。若强烈的太阳风暴吹向地球，所有的电器都会被烧坏，那时，人类应该都会同时被笼罩在一片黑暗之中了吧。

什么是“太空气象台”？

太阳活动会对地球产生影响，因此“太空气象台”就派上用场啦，我们可以用它来分析太阳活动的情况，然后估算太阳活动可能会对地球产生的影响。

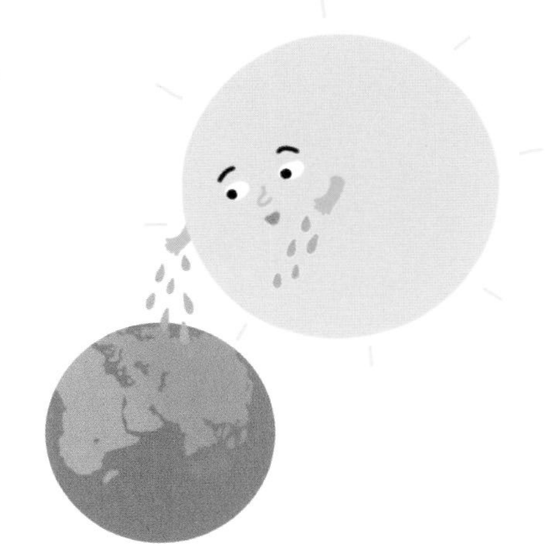

太阳风是什么？

在地球上产生风的必要条件是有空气存在。可是，太空中并不存在空气，太阳的周围也不存在空气，所以，太阳风指的是太阳向空间发射出的粒子流或者能量。

宇宙的中心在哪里？

其实，我们并不可能知道宇宙的中心到底在哪里，因为它根本就不存在！如果宇宙不存在中心，那就意味着宇宙不存在尽头，也不存在边界。也就是说，宇宙到处都是一样的，宇宙的每一个地方都遵循着同样的规则。

什么是星际真空？

宇宙由恒星、恒星之间的空隙以及星际之间的真空地带构成。新的恒星会在这些真空地带诞生。

什么是银河系的纤维状结构?

宇宙中存在着一个体型巨大的组织结构，它们长度可达数亿光年，它们连接着各个星系及各个星团。这一切构成了“宇宙网”。

太空的温度是多少?

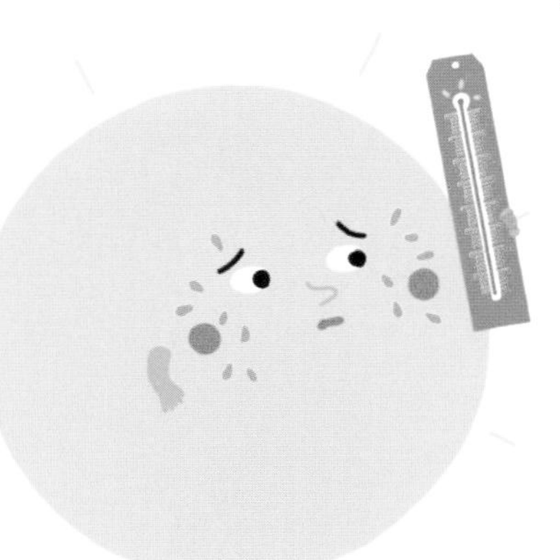

整体来看，宇宙是很冷的，它的温度大约在 –270℃左右。但是太空中并不是所有的地方都是一样的温度，太阳表面的温度超过 5 000℃。

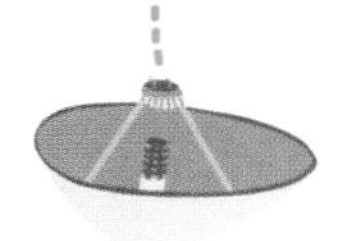

什么是暗物质？

科学家们在计算宇宙物质的总量时发现了一种奇特的物质，它比宇宙中肉眼可见的物质更重要。这个发现表明，宇宙中存在着肉眼不可见的物质：暗物质。

什么是反物质？

我们的世界是由物质构成的，星星和其他的天体也同样是由物质构成的。科学家们认为，宇宙中存在着一种和一般的物质完全相反的物质，这就是反物质。物质和反物质一旦相遇，就会发生爆炸。

什么是暗能量？

最新的科学研究表明，宇宙正在加速膨胀，科学家们认为，造成这一现象的原因是宇宙中存在着暗能量。暗能量是一种和万有引力完全相反的能量，它填充在行星之间的空间里，并让行星间相互保持距离。

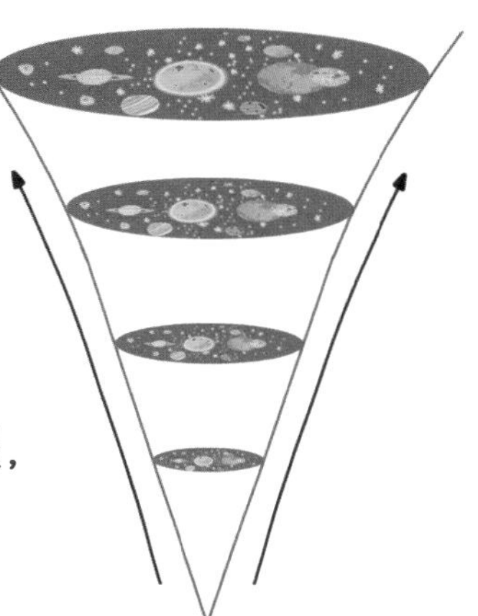

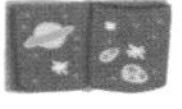

暗能量是从哪里来的？

暗能量不仅“暗”，而且隐藏得很好。目前，还没有人可以解释它是从哪里来的，它的具体形状又是怎样的，或许我们很快就能找到答案。

宇宙什么时候会突然爆炸？

一个处于生命尽头的恒星会转化成红巨星，然后它会缩小，并转化成白矮星，最终消失。要是这颗星星在消失之前爆炸，那么它就有可能存活下来。这个爆炸会促使一颗新天体的诞生，这就是超新星。不过，超新星的生命非常短暂。

“伽马射线暴”具有危险性吗？

宇宙爆炸以后有时会伴随着恒星核心部位的解体，这个部位解体以后会产生黑洞。在这个过程中会产生伽马射线暴。伽马射线暴是可以释放出巨大能量的伽马射线的突然爆发，具有破坏性。

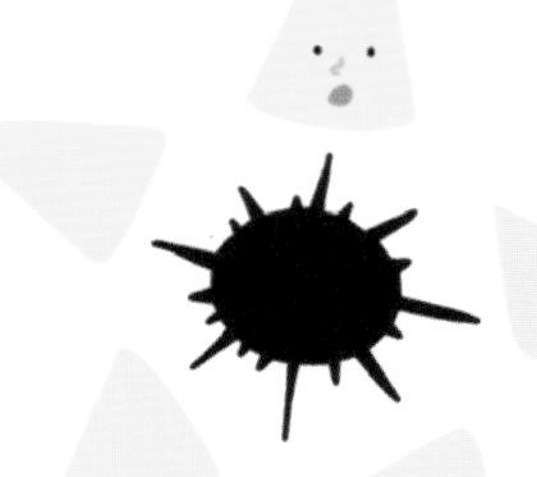

什么是时空？

我们的世界有3个维度：宽度、长度和高度。而在宇宙空间中还存在着另一个维度：时间。在地球上，时间是按正常的速度流逝的，但是当我们以非常快的速度前进时，时间运行的速度也会变慢。

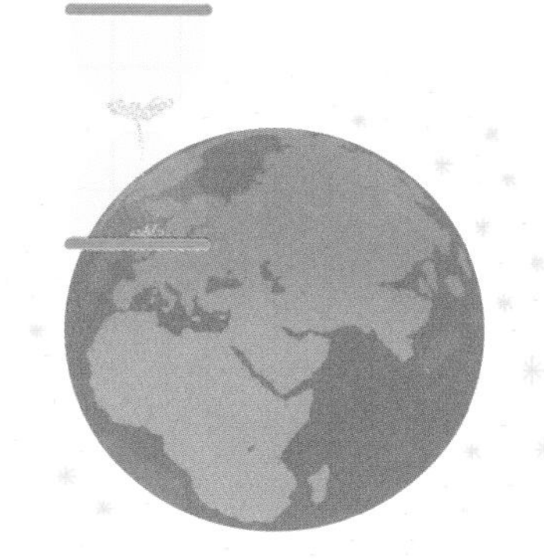

我们可以进行时间旅行吗？

理论上，当一个人乘着宇宙飞船离开地球，然后以极快的速度飞行，并且飞船以这样的状态在宇宙中运行1年，那么当他回到地球以后就会发现，在地球上的人们其实还没有过完1年的时间。

当我们抬头仰望天空的时候，我们看到的是过去的事物吗？

天空的恒星其实离我们非常遥远，这个距离使得它们发出的光芒需要在太空中行走数亿年的时间才能到达地球。所以我们所看的星星其实是它们很久很久以前的样子，而非它们现在的样子。

我们所见到的恒星真的都已经到了它们生命的尽头了吗？

事实上，有时候我们见到的星光属于一颗已经死去的恒星。但是这种情况十分罕见，因为恒星是非常长寿的，它们生命的长度通常会远远超过它们发出的光到达地球所需要的时间。

外星人真的存在吗？

古人也研究过关于外星人的问题。很多人认为外星人肯定是存在的，他们也在通过各种方法证明外星人的存在。

地球上是如何产生生命的？

一些科学家认为，地球上的生命源自外星！他们认为地球上第一批构成生命所需的物质来自外太空，比如，这些物质会通过陨石被带到地球上。

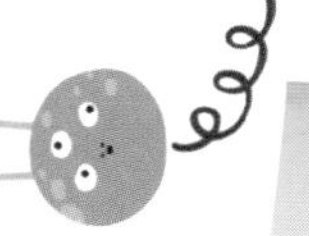

火星人存在吗？

在 19 世纪，一个美国人发现火星地表存在着裂痕，所以，他认为这是火星人为躲避地表干燥的环境而开凿的管道。对火星人是否存在的讨论正是源于这个猜测。

火星人是绿色的吗？

如果火星人是真实存在的，那他们很可能不会是绿色的。绿色的火星人最初是在小说作品里面被创造出来的，这样的火星人的形象也在此后的很多其他作品中被沿用下来。

什么是不明飞行物？

不明飞行物就是身份还不明确的飞行物。没有人知道它到底是什么。是秘密飞行器？是无法被解释的自然现象？总之，它不太可能是外星人的交通工具。

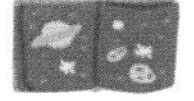

不明飞行物的研究被称作什么？

有一群人十分热衷于研究不明飞行物，为了弄清楚这些在天上游荡的东西到底是什么，他们收集了大量资料，甚至还创造了和一般科学毫不相关的“不明飞行物学”。

“飞碟”这个词是怎么来的?

1947 年，一个美国飞行员发现在天空中有一个游动的碟状飞行物，“飞碟”这个词就这么形象地产生了。此后，我们把天空中出现的不明飞行物统称为飞碟，尽管有一些飞行物的外形和飞碟一点都不像!

飞碟真的存在吗?

1952 年，一个美国人声称自己看到了金星人，他还向世人展示了金星人的飞行器：一个飞碟！这件事在后来被证实是假的，照片里的飞碟其实是一个灯管!

在美国的罗斯威尔市到底发生过什么？

1947 年，有一个奇怪的物体在美国的罗斯威尔市附近降落，这导致整个城市陷入瘫痪状态！军方没有办法证明这个降落物是一个秘密的军事武器，很多人都认为这是外星人来访问地球时乘坐的飞船。

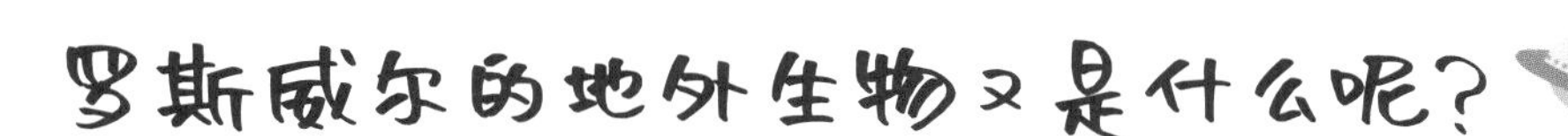

罗斯威尔的地外生物又是什么呢？

1990 年，一部影片揭秘了在罗斯威尔着陆的飞行器上曾发现地外生物，美国军方也对这个神秘的地外生物展开了研究。影片中展示了该事件的关键图片。但是 15 年以后，这部影片的拍摄者又发出声明，表示影片里的事件都是人为捏造的！

我们能收到来自外星的信息吗？

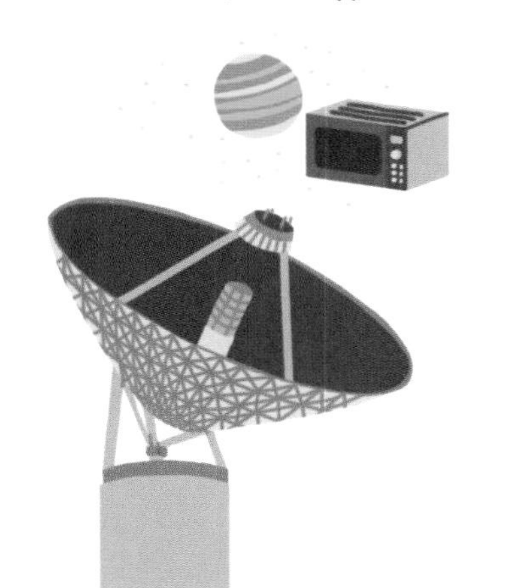

射电望远镜能够接收到来自宇宙的声音，它会把这些声音及从太空中传来的其他信息都记录下来，而且它的出错概率很低。

那些被捕捉到的无线电波是从哪里来的？

这些无线电波可不是外星人用收音机听音乐时使用的无线电波，而是来自恒星以及宇宙中的其他天体。研究这些无线电波可以帮助我们更好地探索宇宙诞生的奥秘。

人类会和太空进行交流吗？

人类会和太空进行交流，更准确地说，是会和正在执行太空任务的人类进行交流。为了实现这项交流，我们会向太空发射特定的卫星，这些卫星会作为太空信息的中转站，向地球传送航天员的影像。

我们会和外星人交流吗？

在假设地外生命存在的情况下，人类也会时不时地向太空传送电波信息，当然，这些信息传播的都是和平友好的理念哦！

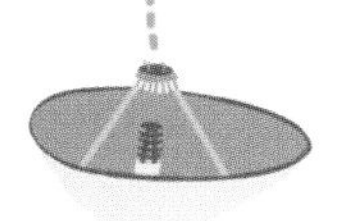

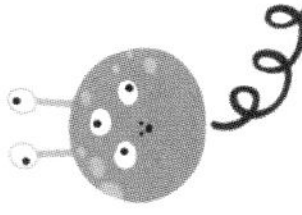

什么是先驱者镀金铝板？

在20世纪70年代被发射到太空的两架“先驱者”飞行器上，科学家们都安装了一块代表人类男性和人类女性的板，这两块板还解释了这个飞行器是从哪里来的。这样的话，一旦飞行器碰见外星人，那它也可以向外星人解释自己是从哪里来的。

什么是旅行者金唱片？

1970年底，旅行者1、2号飞行器各搭载了一张记录了地球声音的唱片，唱片里的声音包含风声、动物的叫声、宝宝的哭声，甚至还有音乐。这个旅行者金唱片就好比在浩瀚无垠的宇宙之海中漂浮着的一个小瓶子。

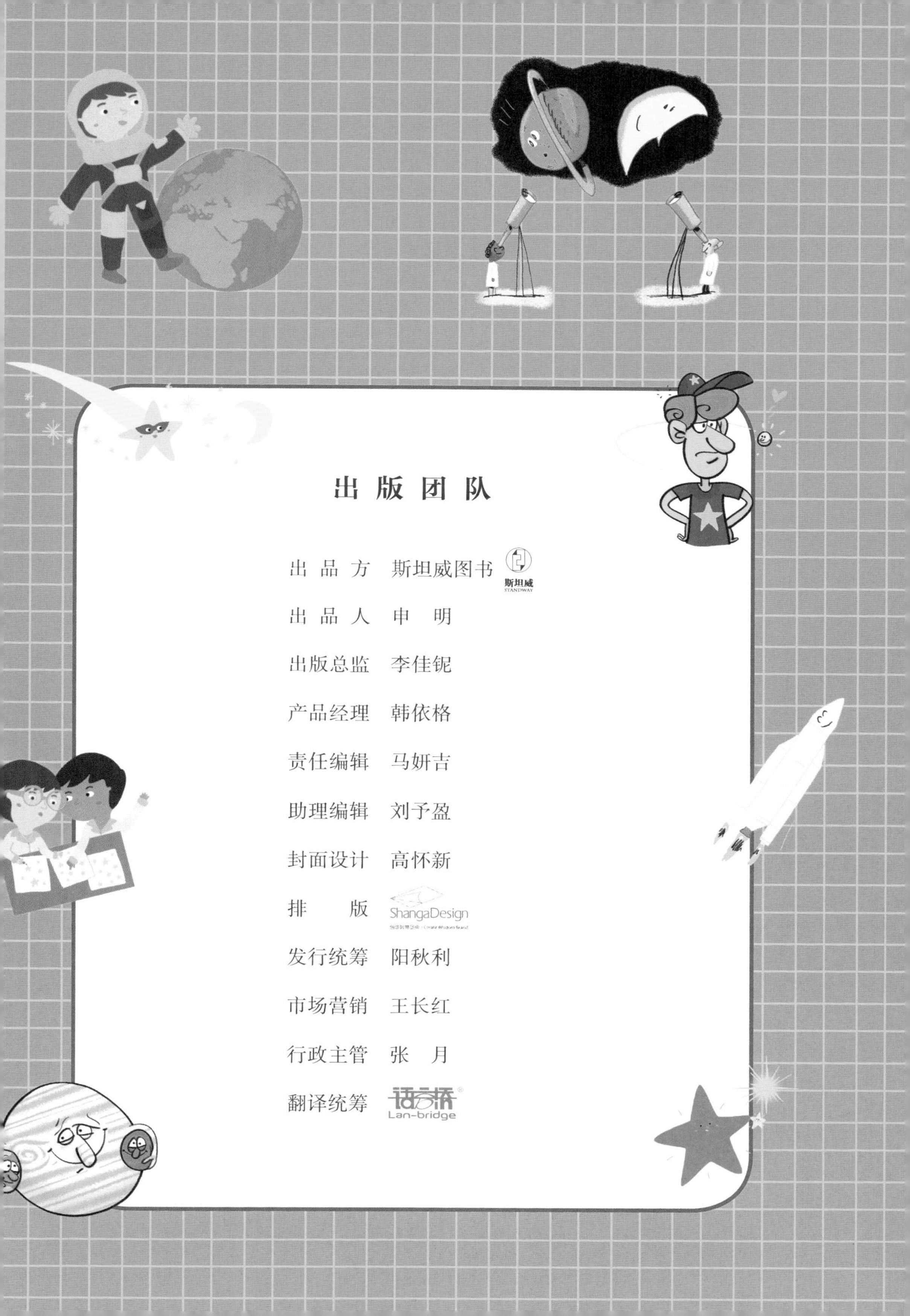

出版团队

出 品 方	斯坦威图书 斯坦威 STANDWAY
出 品 人	申　明
出版总监	李佳铌
产品经理	韩依格
责任编辑	马妍吉
助理编辑	刘予盈
封面设计	高怀新
排　　版	ShangaDesign
发行统筹	阳秋利
市场营销	王长红
行政主管	张　月
翻译统筹	语言桥 Lan-bridge